Rolando Zucchini

Il quinto postulato

Evoluzione storica e filosofica della visione moderna della geometria

Ritratti di Maria Nives Manara

Mnamon

Introduzione

Dalla lettura di testi di filosofia e di filosofia della scienza appare evidente l'intima connessione fra l'evoluzione del pensiero filosofico e il progresso scientifico. Ogni qualvolta il filosofo ha rivalutato la scienza come mezzo di conoscenza della natura e del regno dell'uomo, lo scienziato ha sviluppato in maniera notevole lo studio delle scienze e soprattutto della matematica, che di tutte le scienze può considerarsi fondamento e collegamento insieme.

Il quinto postulato di Euclide ha rappresentato uno dei cardini fondamentali sui quali questa evoluzione si è sviluppata. Esso ha occupato per oltre due millenni il pensiero e l'opera di filosofi e matematici.

Questo testo tenta di riordinare i momenti più significativi dell'evoluzione scientifica e filosofica, che, partendo proprio dal quinto postulato, hanno condotto alla moderna visione della geometria. Uno sguardo panoramico da Parmenide a Reichenbach, da Talete a Lobaçevskij, per mettere in evidenza gli stretti vincoli che da sempre legano filosofia e ricerca scientifica.

Se per uno studioso di filosofia è necessario sapere di matematica per meglio approfondire il pensiero dell'uomo e della sua natura, per un matematico è doveroso avere delle conoscenze filosofiche per meglio adempiere al suo ruolo di ricercatore scientifico e concepire in modo completo e responsabile la sua opera di insegnante che prepara allo studio e alla comprensione dei fenomeni del mondo esterno.

i. La geometria nella scienza antica

Che la matematica greca abbia potuto esprimere attorno al 300 a.c. un'opera di geometria come gli Elementi di Euclide mostra che il pensiero matematico a quell'epoca si era già sviluppato in maniera notevole. Per i greci del periodo classico la matematica era uno strumento di conoscenza e, al contrario degli egiziani e dei babilonesi, essi non si ponevano il problema della applicabilità. Solo all'epoca di Archimede (Siracusa; 287 – 212 a.c.(?)) (v. App. i/9) i matematici greci raggiunsero un atteggiamento positivo nei confronti delle applicazioni.

I primi ad avere una ben connessa visione della matematica furono gli studiosi che vanno sotto il nome di pitagorici (da Pitagora di Samo; 580 – 504 a.C. (?)). In stretta correlazione con la loro visione matematica del mondo, e più esattamente, come in seguito vedremo, con la teoria *monadistica della materia*, i pitagorici svilupparono lo studio della geometria. Secondo la tradizione questo studio, trasportato in Grecia da Talete (di Mileto; 624 – 548 a.C. (?)) (v. App. I/1), verrebbe dall'Egitto. Certo, molte conoscenze geometriche si trovano in tempi assai remoti, non solo in Egitto, ma anche in Babilonia e in India. Ad esempio, diversi casi particolari, e forse addirittura il caso generale, della relazione tra il quadrato della ipotenusa e i quadrati dei cateti di un triangolo rettangolo che costituisce il cosiddetto *teorema di Pitagora* erano già noti prima di Pitagora (v. App. i/2). La scuola pitagorica, però, per prima ordina tali conoscenze in un sistema deduttivo e per quanto ci è dato di sapere questo dei seguaci di Pitagora è il primo di un simile sistema. Le lunghe catene di deduzioni che, movendo da osservazioni semplici ed evidenti, conducono alla scoperta di proprietà più riposte e significative, dovettero appunto costruirsi per lo scopo di fornire la dimostrazione generale dell'anzidetto *teorema di Pitagora*. (v. App. i/3).

Col metodo deduttivo i progressi della geometria furono rapidi. Nell'arco di un secolo, all'incirca tra il 550 e 450 a.C., fu sostanzialmente acquisito il possesso della geometria elementare.

Come fosse costruito il più antico edificio della geometria pitagorica non è dato di sapere con esattezza, ma di certo vi intervenivano tutte quelle proprietà di composizione e decomposizione delle superfici che costituiscono una specie di *algebra geometrica* (2° libro degli *Elementi* di Euclide) (v. App. i/4) e insieme il concetto dei *numeri figurati* (v. App. i/5). Il sistema dovette poi appoggiarsi sopra una teoria generale dei rapporti e delle similitudini, alla quale serviva come base la *teoria delle monadi*. Infatti la monade (punto materiale esteso) appariva non solo elemento costitutivo dei corpi, ma anche delle figure geometriche. Linee, superfici e solidi erano pensati come unione di punti. Così il confronto tra due linee si otteneva definendo il loro reciproco rapporto o misura in questo modo: se una linea contiene m punti e un'altra n, il loro rapporto è dato da m/n. Soltanto la scoperta delle grandezze incommensurabili (v. App. i/10) doveva rivelare l'errore di questo ragionamento. E, in verità, la scoperta si fece nella scuola stessa, mediante la considerazione del triangolo rettangolo isoscele.

Se in un triangolo rettangolo isoscele i cateti hanno misura 1 e si suppone che l'ipotenusa sia misurata da m/n, per il teorema di Pitagora dovrà aversi $m^2=2n^2$. Ma è lecito che i due termini della frazione m/n non contengano entrambi il fattore 2. Supponiamo che n almeno sia dispari. Invece m, il cui quadrato è pari, sarà necessariamente pari, cioè risulterà m=2m1. Allora si dedurrà $m^2=4m1^2$ e $n^2= 2m1^2$, quindi pure n dovrebbe essere pari, contro il supposto.

È verosimile che la scoperta degli incommensurabili sia apparsa agli stessi suoi scopritori una verità scandalosa e imbarazzante, in quanto distruggeva il fondamento stesso della misura, e si può dar credito alla leggenda che narra di un geloso segreto con cui si volle circondarla. Comunque la scoperta degli incommensurabili portò a una revisione dei principi su cui si fondava la geometria pitagorica.

La veduta astratta che oggi si ha della matematica, fa supporre, in un primo momento, che la crisi dovesse coinvolgere soltanto le basi della geometria: il concetto idealizzato del punto, e la definizione del rapporto di due grandezze. Ma in effetti la crisi fu più profonda e più vasta, in quanto la geometria pitagorica era connessa con la teoria della materia e della natura delle cose, per cui l'elemento dello spazio era la stessa unità pensata come elemento dei corpi. Si comprende perciò come dei pensatori e dei filosofi vengono a rimettere in discussione tutto il sistema delle monadi. La loro critica riuscirà da una parte a segnalare le difficoltà della costruzione mediante monadi della fisica e dall'altra a liberare una geometria veramente razionale, i cui enti sono concepiti per la prima volta come *idee*, oltrepassanti cioè l'empirico.

La critica alla geometria pitagorica si esprime in modo rigoroso in Parmenide (d'Elea; 540 a.C. (?)). Egli pone una materia primitiva impenetrabile, cui s'accordano soltanto gli attributi geometrici: *spazio pieno* o *materia estesa*. Tale è, in sostanza, la concezione che, circa duemila anni dopo, R. Descartes (Renè Descartes; La Haye en Tourain, Francia, 1596, Stockholm, Svezia, 1654) doveva riprendere come postulato della sua fisica. Per un solo aspetto l'*esistente* parmenideo differisce dallo spazio del geometra: egli non sa concepirlo come illimitato ("*se gli mancasse il limite tutto gli mancherebbe*") e gli attribuisce la forma di una sfera perfetta. Melisso (di Samo; 480 a.C.(?)) correggerà più tardi l'incongruenza di questo modo di pensare.

Intanto con il razionalismo intransigente di Parmenide la geometria si spoglia di ciò che d'empirico rimane del pitagorico e attraverso una critica rigorosa acquista piena consapevolezza del significato razionale dei suoi enti. Parmenide è un razionalista, anzi è il primo razionalista che si affacci nella storia del pensiero. Egli ritiene che la verità sia da scoprire non guardando le cose come sono fatte, ma riflettendo intorno all'idea che di esse ci formiamo. Perciò la sua teoria della matematica non è fondata su analogie sensibili, ma sopra un concetto razionale di materia che si oppone alla veduta delle monadi. La superficie del geometra, secondo Parmenide, non è un velo dotato di piccolo spessore, la linea non è un filo più o meno sottile, il punto non ha estensione. Questi enti e le figure che con essi si costruiscono hanno un'esistenza puramente ideale: al di là del sensibile. Parmenide sembra aver riconosciuto questo concetto per la prima volta e Proclo (cap. iii) commenta la definizione di

Euclide: *"il punto è ciò che non ha parti"* dicendo che essa è conforme al criterio di Parmenide. In un altro frammento il filosofo greco sembra alludere alle contraddizioni cui dà luogo il concetto di punto esteso, che, per *"il volgo senza discernimento"* degli scolari di Pitagora, sarebbe a un tempo *"lo stesso e non lo stesso"*, cioè, pari e dispari, limitato e illimitato. Ma la veduta razionale degli enti geometrici è stata chiarita, nel suo contenuto matematico, dal discepolo di Parmenide, Zenone (d'Elea; 504 a.C.(?)) che, con la sua acuta dialettica, diede ai problemi dell'infinito formulazioni che sono rimaste classiche e con le quali egli voleva ridurre all'assurdo la tesi monadica dei pitagorici (v. App. i/6).

In tutto questo sembra apparire chiaramente un'evoluzione del pensiero matematico. È il principio di una via che, attraverso un'interpretazione sempre più formale, conduce dalla fisica di Parmenide alla metafisica di Platone. Contribuirono in modo più o meno evidente a questa trasformazione Empedocle (d'Agrigento; 500 a.C. (?)), Anassagora (dieci anni più tardi (?)), Leucippo (di Mileto; 480 a.C. (?)), Democrito (460 – 360 a.C.) il quale pare aver esercitato, con il suo razionalismo, una grande influenza su Platone; più grande, comunque, di quanto generalmente si creda.

***

Platone (428 – 347 a.C.) non sembra interessarsi della matematica se non per giungere a vedute di tipo molto generale, e l'importanza della matematica consiste per lui non nell'accrescimento dei risultati relativi a questo o quel teorema (è ancora controverso, per esempio, se egli sia stato effettivamente il primo a costruire i cosiddetti solidi platonici (v. App. i/7), cioè i cinque poliedri regolari collegati ai quattro *elementi* e all'Universo preso come un tutto), quanto al suo appassionato stimolo all'indagine e alle ricerche sull'essenza della matematica.

Platone trova nelle cognizioni matematiche qualcosa che la mente intuisce, almeno in apparenza, al di là dal senso: "*Gli elleni,* dice, *sono molto ignoranti. La maggior parte di loro non sa che esistono grandezze incommensurabili*". Egli vuol dire: il pensiero matematico riesce a scoprire verità, che al pari di questa non potrebbero mai essere acquisite con l'esperienza.

Ma: cosa sono gli enti matematici?

La critica alla scuola pitagorica ha già riconosciuto che essi non sono gli oggetti rappresentati nella realtà sensibile, pure fanno parte, a loro modo, di una realtà intelligibile. La mente non può darli ad arbitrio, anzi li vede come qualcosa di dato e di necessario fuori di sé. L'atteggiamento razionalistico di Platone si esplica in ciò che egli scorge come mondo della verità, non già il mondo delle cose sensibili, ma il mondo delle *Idee*. Il termine idea significava per i matematici contemporanei del filosofo *forma* o *schema*; Platone dà invece a questo termine il senso nuovo di *qualità* o *specie*. Le idee esistono, secondo Platone, come oggetti di un mondo ideale che risponde al pensiero, cioè sono enti che soddisfano ai principi della *invariabilità logica*. Dunque i caratteri fissi e non le variazioni accidentali degli individui vengono a formare il vero scopo della scienza.

Platone non approfondisce il problema della scienza stessa, sul come possa fondarsi, ma ne coglie l'aspetto formale, e, in questo senso, il risultato della sua riflessione reca un acquisto perenne alla filosofia scientifica. Infatti il modello dei *Tipi* e delle *Idee* su cui Platone basa il suo pensiero è pur sempre offerto dalla matematica. *"Quelli che si occupano di geometria e di aritmetica, egli dice, assumono il pari e il dispari, e le figure a tre specie di angoli, e altri simili supporti nelle dimostrazioni, e, come avendone una conoscenza certa, questi supporti li prendono per base e, quasi fossero evidenti, non pensano affatto a darne alcuna ragione né a se stessi, né agli altri, anzi, di qui partendo, ordinatamente dimostrano tutto il resto giungendo infine a ciò che si proponevano di dimostrare... Essi si valgono, perciò, di figure visibili e ragionano su di esse, non pensando ad esse, ma a quelle di cui queste sono le immagini, ragionando sul quadrato in se stesso e sulla diagonale, anziché su quello, o quella, che disegnano, quasi ombre o immagini specchiate dall'acqua, tutte le adoperano come rappresentazioni cercando di vedere attraverso di esse i loro originali, che non sono visibili se non dall'intelligenza idealizzatrice..."*

Nella sua distinzione tra i diversi modi di considerare un concetto geometrico, egli scelse come esempio il circolo, e distingue:

1) *"qualcosa che è detto circolo, che ha appunto quel nome che noi abbiamo pronunciato"*.

2) la definizione linguistica del concetto.

3) l'immagine corporea di esso.

4) la conoscenza che ha per oggetto.

5) *"il protociclo in sé, ideale, ma con ciò il più reale di tutti"*.

Perché il circolo ideale è per lui il più reale? Egli scrive nel *Fedone*: "...*deve formarsi in noi il pensiero che tutti gli uguali che cadono sotto la sensazione aspirano ad essere quello che è uguale in sé e a cui tuttavia rimangono inferiori*". E da ciò viene tratto come conseguenza: "*Dunque, prima che noi cominciassimo a vedere e a dire e insomma a fare uso degli altri nostri sensi, bisognava pure che ci trovassimo in possesso della conoscenza dell'uguale in sé, ciò che realmente esso è...*". Come si vede la scuola platonica educa al culto del rigore, alimentando l'illusione di un pensiero che crea senza bisogno di ricorrere a modelli sensibili. Essa sostiene ed accresce la forza del ragionamento. "*Qui non entri chi non è geometra*", era scritto all'ingresso dell'*Accademia* fondata da Platone ad Atene nei giardini sacri di Academo.

Platone spinge il concetto del rigore logico alle sue estreme conseguenze: le idee matematiche non sono apprese coi sensi, ma piuttosto ricordate dall'anima che le ha conosciute in un mondo anteriore. Quindi, proprio perché il concetto dell'uguale, così come gli altri concetti matematici fondamentali, non si incontrano allo stato *puro* nel mondo delle osservazioni sensibili *perché noi li abbiamo ricevuti prima della nascita*, deriva ad essi una realtà a prescindere da ogni osservazione sensibile. Con ciò Platone ha dato un fondamento metafisico alla matematica che dopo oltre duemila anni veniva riconosciuto come valido da molti uomini di scienza. Per esempio Ernst Goldbeck (1861 – ?) scrivendo in *Die geozentrische Lehre des Aristoteles und ihre Auflösung* (1911): "*Nella matematica abbiamo di fronte a noi uno sterminato regno ideale, l'ampiezza e la profondità del quale nessuno ha ancora misurato*", mostra di essere un moderno discepolo di Platone.

Anche nel saggio di Jean–Batptiste Hamel (Vire 1624 – Parigi 1706) sull'*essenza della geometria* si trovano chiari riferimenti alla dottrina delle Idee.

Resta da far vedere che la matematica moderna si è liberata da questa origine metafisica della sua scienza, e, per poter in seguito ben valutare questo fatto, è stato necessario familiarizzare in modo approfondito con le concezioni di Platone. È chiaro comunque che, oltre alla concezione metafisica della geometria, Platone sentì, come conseguenza, la necessità di dare alla geometria una base logica sulla quale costruire le sue fondamenta. Egli scrive nella *Repubblica*: "*La geometria e le scienze annesse sognano rispetto all'esistente, ma è impossibile che lo vedano ad occhi aperti, finché si valgono di postulati e li tengono fermi, senza potersene rendere conto*". Per Platone uno sviluppo del sapere logicamente perfetto dovrebbe costruirsi sulla base di semplici definizioni o di assiomi logici. È il suo un ideale della perfezione matematica che si ritrova nel pensiero dei filosofi moderni fino a Leibniz (Gottfried Wilhelm Leibniz; Lipsia 1646 – Hannover 1716) che tanto influenzò il pensiero di Kant.

***

Dopo il razionalismo sperimentale di Parmenide e il razionalismo formale di Platone, Aristotele (n. 384 a.C.) ha tentato di armonizzare la teoria delle *Idee* con la realtà empirica. La logica aristotelica costituisce una sistemazione organica dell'arte del ragionamento: essa attinge alle riflessioni dei matematici intorno ai principi e all'ordine delle loro discipline. Per Aristotele la ricerca delle definizioni e degli assiomi logici, avanzata da Platone, è da rimandare all'arte della persuasione che mira soltanto al verosimile. L'ordinamento della vera scienza ragionata riceve un trattamento proprio negli *Analitici* ove egli analizza e classifica i tipi elementari del ragionamento deduttivo, attraverso i quali si rende possibile il controllo di una deduzione comunque complicata, decomponendola in successivi passaggi semplici. Ma le deduzioni, per Aristotele, hanno solo un valore relativo. Per costruire la scienza, egli afferma, non basta dedurre, occorre dimostrare.

Ma su che cosa si fonda la dimostrazione?

Rispondono a questo problema gli *Analitici* spiegando quale sia l'ordine di una scienza dimostrativa sul modello della matematica. La dimostrazione fa capo ai principi della scienza, che si distinguono in:

1) *Termini o definizioni.*

2) Supposizioni di esistenza delle cose designate dai termini.

3) *Proposizioni* immediate che, secondo i pitagorici, vengono chiamati *assiomi*, e che occorre conoscere per approfondire qualsiasi cosa.

4) *Ipotesi* o *Postulati*, che si introducono necessariamente nell'insegnamento della matematica, o anche nella discussione, ammettendo l'esistenza di qualche cosa di cui non si abbia una visione concreta.

Questa classificazione dei principi è certo dei matematici dell'epoca e si ritrova negli *Elementi* di Euclide. Ma ciò che sembra appartenere proprio ad Aristotele è la concezione che l'ordinamento della scienza dimostrativa risponda a qualcosa di necessario e di naturale. Per dir così, i principi sono di diritto divino, e si debbono respingere le opinioni di due specie di avversari, i quali pretendono:

1) che non vi siano principi, e che la dimostrazione riesca impossibile, dando luogo a un regresso all'infinito,

2) o, all'opposto, che il procedimento della dimostrazione sia affatto relativo, sicché i principi possono provarsi dalle conclusioni così come le conclusioni dai principi: ciò che, egli dice, dà luogo a un circolo vizioso.

Il concetto della scienza dimostrativa suggerito dalla matematica, in Aristotele appare solo formalmente esteso alle discipline fisiche e naturalistiche proprio perché manca la possibilità di un'applicazione del pensiero matematico. Il matematico, dice infatti Aristotele nella *Metaphysica*, specula sull'astratto privando le cose dei caratteri sensibili opposti che vi appartengono.

Negata così la possibilità di applicazione della matematica, Aristotele non fa nemmeno il tentativo di dedurre dai principi universali la realtà degli oggetti e dei fenomeni individuali. Per lui una siffatta deduzione è impossibile. Infatti bisogna distinguere ciò che è o accade *per natura*, ciò che è opera dell'*intelletto umano*, e ciò che è dovuto *al caso* e si svolge in un dominio indeterminato restando per noi profondamente oscuro. Nella mente del filosofo questi sono tre ordini di realtà sovrapposti. Per questo, secondo Aristotele, non vi è scienza se non del generale, poiché la spiegazione scientifica si riduce ad assegnare le essenze delle cose, cioè a fissare i caratteri delle *Idee* (generi o specie) a cui appartengono, concepite come *cause finali* del loro sviluppo.

Non è questo il luogo dove approfondire le idee direttive dell'opera aristotelica. Basta dire che Aristotele ha della scienza un ideale deduttivo, ispirato in gran parte alla veduta della finalità dominante i fenomeni della vita. Nel cap. v si avrà modo di fissare ulteriormente il pensiero del filosofo greco. Egli, infatti, già prima che Euclide edificasse la sua geometria, aveva intravisto la possibilità di esistenza di una geometria diversa da questa.

***

Lo spirito di rigore dei matematici greci che si alimenta e si esprime con la filosofia platonica ed aristotelica ha dato luogo, durante il IV sec. a.C., a un movimento critico cui partecipano molti studiosi lavorando nei circoli dell'*Accademia* e del *Liceo*, fondato da Aristotele nei giardini sacri di Apollo Liceo in Atene. Sono da ricordare Ippocrate (di Ghio; 450 a.C.(?)), Teeteto (di Atene; 400 a.C.(?)), Eudosso (di Cnido; 390 – 337 a.C.(?)) celebre anche per la descrizione del moto dei pianeti mediante le cosiddette *sfere concentriche* (v. App. i/8).

Il frutto di questo movimento critico fu raccolto da Euclide che, ad Alessandria, verso il 300 a.C. scrisse i suoi famosi Elementi: libro classico che offre un ordine di esposizione quasi perfetto e rivela bellezze e finezze meravigliose, onde è rimasto come modello della trattazione geometrica attraverso i secoli e fino ai nostri tempi (v. Cap. ii). Tuttavia la matematica, e in special modo la geometria, continuarono ad essere coltivate durante l'epoca ellenistica. Da citare in particolare Nicomede (III – II sec. a.c.(?)), inventore della *cissoide* e della *concoide*; Teodosio (di Bitinia; 160 – 100 a.c. (?)), Erone (di Alessandria; I sec. a.c.(?)), che ha dato la nota formula esprimente l'area di un triangolo di lati assegnati; e ancora Ipparco (150 a.c.(?)); Claudio Tolomeo (100 – 150 (?)), che segna gli inizi della trigonometria; e Pappo (d'Alessandria; 300 (?)). In complesso, comunque, dopo il III secolo a.c. non si realizzarono grandi progressi, gli *Elementi* di Euclide avevano operato, in un certo qual modo, la saturazione del progresso matematico greco.

La scienza greca volge al tramonto verso il IV secolo dell'era volgare.

Il pensiero, che non sa creare, perde, a poco a poco, anche l'intelligenza delle opere precedenti; e, perciò, in quest'epoca di decadenza, il lavoro si riduce alla composizione di riassunti e commenti sempre più miseri, che tuttavia hanno una grande importanza storica perché attraverso di essi si è trasmessa ai posteri l'eredità della Scienza Antica.

Appendici al capitolo i

Appendice i/1

Gli antichi sono unanimi nel giudicare Talete un uomo di intelligenza fuori dal comune e nel considerarlo come il primo filosofo, anzi, come il primo dei Sette Saggi. *"Talete di Mileto fu senza dubbio il più importante tra quei sette uomini famosi per la loro sapienza. Tra i Greci fu il primo scopritore della geometria, l'osservatore sicurissimo della natura, lo studioso dottissimo delle stelle"* (Apuleio).

La lista dei sette saggi attribuita a Platone, oltre a Talete, comprende: Solone da Atene, Biante da Piene, Pittaco da Mitilene, Cleobulo da Lindo, Chilone da Sparta, Misone da Chene.

Sulla vita e le opere di Talete si sa molto poco. La sua nascita e la sua morte sono state calcolate basandosi su l'eclissi del 585 a.C., da lui prevista. L'eclissi ebbe luogo probabilmente quando egli era ancora intorno ai quaranta, e supponendo che avesse ottanta anni alla sua morte.

La leggenda narra che Talete abbia misurato l'altezza della piramide di Cheope calcolando il rapporto tra la sua ombra e quella di un'asta di altezza nota, nel momento del giorno in cui tale ombra ha la stessa lunghezza dell'altezza dell'asta. Piantata l'asta al limite dell'ombra proiettata dalla piramide, poiché i raggi del sole, investendo l'asta e la piramide, formavano due triangoli, ha dimostrato che l'altezza dell'asta e quella della piramide stanno nella stessa proporzione in cui stanno le loro ombre. Plutarco racconta che fu il faraone Amasis a mettere alla prova la perizia scientifica di Talete, sfidandolo a misurare l'altezza della piramide di Cheope. Superata la prova, il faraone gli espresse la sua ammirazione, dichiarandosi *"stupefatto del modo in cui hai misurato la piramide senza il minimo imbarazzo e senza strumenti"*. Da questa sfida egli trasse il famoso Teorema di Talete: *"Se un fascio di rette sono tagliate da due trasversali, a segmenti uguali o in una certa proporzione dell'una, corrispondono segmenti uguali o nella stessa proporzione sull'altra"*. Pare comunque che il teorema fu enunciato successivamente da Euclide nei suoi *Elementi*. Fu Euclide, infatti, a dimostrare la proporzionalità dell'area dei triangoli di uguale altezza.

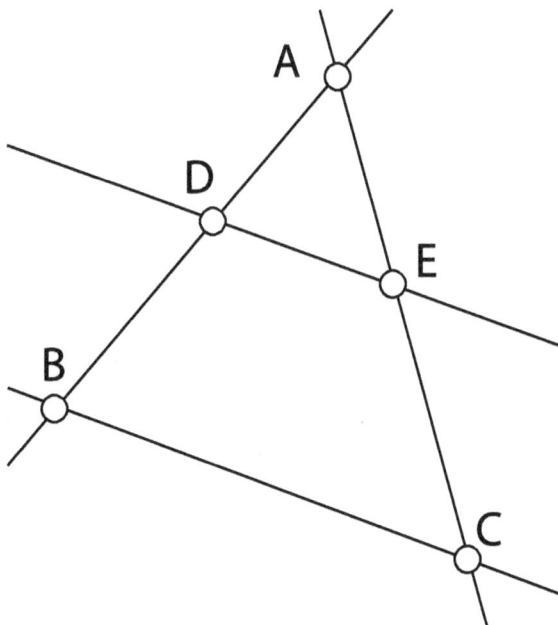

Proclo, il commentatore di Euclide, attribuisce a Talete anche cinque teoremi di geometria elementare:

"Un cerchio è diviso in due aree uguali da qualunque diametro"

"Gli angoli alla base di un triangolo isoscele sono uguali"

"In due rette che si taglino fra loro, gli angoli opposti al vertice sono uguali"

"Due triangoli sono uguali se hanno un lato e i due angoli adiacenti uguali"

"Un triangolo inscritto in una semicirconferenza è rettangolo"

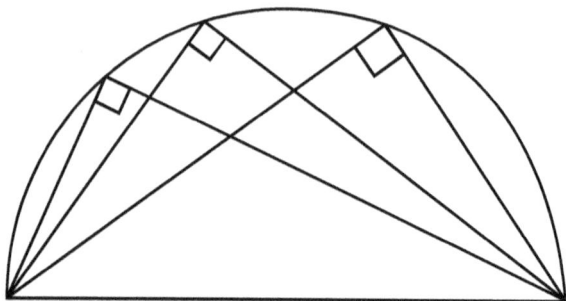

Appendice i/2

Il matematico francese Emile Fourray, nel libro *Curiositès gèomètriques* pubblicato agli inizi del '900 (sicuramente prima del 1923), ha raccolto più di cinquanta dimostrazioni del teorema di Pitagora. Probabilmente quella originale di Pitagora è esposta nelle figure sotto riportate.

Nella prima figura il quadrato che ha per lato $a+b$, somma dei due segmenti a e b, è diviso in varie parti: il quadrato di lato a, quello di lato b, due rettangoli di lati a e b. Dividendo a metà, con la diagonale, ciascuno dei rettangoli di lati a e b, otteniamo quattro triangoli di cateti a e b.

Nella seconda figura lo stesso quadrato di lato $a+b$ è decomposto in modo da ottenere quattro triangoli rettangoli di cateti a e b, e un unico quadrato che ha per lati le ipotenuse dei quattro triangoli. I due quadrati di lato $a+b$ sono uguali. Se da essi si toglie la stessa area, quella dei quattro triangoli rettangoli che hanno per cateti a e b, nella prima figura resta la somma dei quadrati dei cateti a e b, nella seconda il quadrato dell'ipotenusa. Il teorema di Pitagora è dimostrato. (Da: *La matematica da Pitagora a Newton* di Lucio Lombardo Radice, Editori Riuniti).

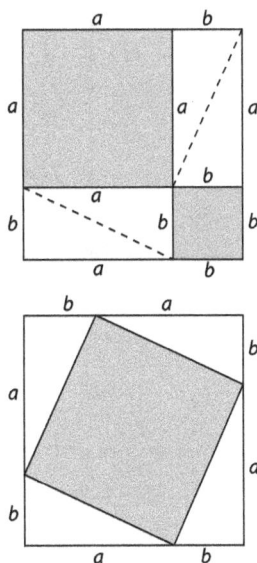

Appendice i/3

La tradizione cinese attribuisce al matematico Chou Pei, probabilmente contemporaneo di Pitagora, la paternità del teorema di Pitagora. In figura la riproduzione di un'antichissima litografia cinese nella quale è riportato il disegno relativo alla dimostrazione del celebre teorema.

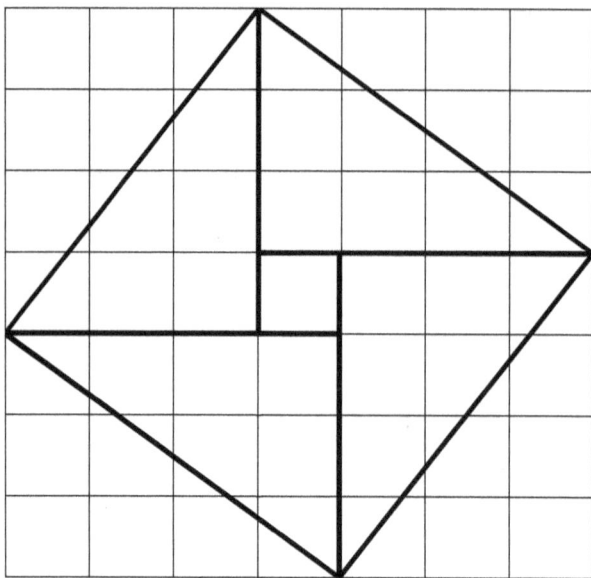

Appendice i/4

Il 2° libro degli *Elementi* di Euclide, alla fine dell'ottocento, fu definito di algebra geometrica dal matematico danese H. G. Zheuten (Hieronymus Georg Zheuten; Grimstrup

1839, Copenaghen 1920). Effettivamente in esso si ritrovano tematiche di tipo algebrico, ma il termine può risultare fuorviante dato che l'impostazione è completamente geometrica. Ad esempio si confrontano grandezze e si propone un'aritmetica delle grandezze geometriche; i simboli usati non hanno significato di per se stessi, ma solo in riferimento all'ambiente geometrico. L'approccio euclideo non s'inserisce in un percorso di astrazione e generalizzazione che dovrebbe essere assunto come aspetto tipico della formazione della scienza algebrica. I problemi cosiddetti di applicazione delle aree, tuttavia, sono problemi che, pur esposti, affrontati e risolti in ambito geometrico, possono essere considerati assimilabili a equazioni di primo e di secondo grado.

Appendice i/5

I pitagorici usavano i numeri figurati triangolari, quadrati, pentagonali, e, come ultima categoria, gli oblunghi (numeri composti).

Ciascun numero figurato successivo al secondo, viene costruito nel seguente modo:

1) è dato un numero figurato
2) si connettono i punti consecutivi sul bordo del poligono;
3) si sceglie un vertice e si prolungano i due lati che si intersecano in questo vertice;
4) si aggiunge un punto alla fine di questi prolungamenti;

5) si disegna un poligono regolare a partire da questi prolungamenti;

6) si disegna su ciascun lato del nuovo poligono un numero di punti uguale al numero dei punti che si trovano sui lati prolungati.

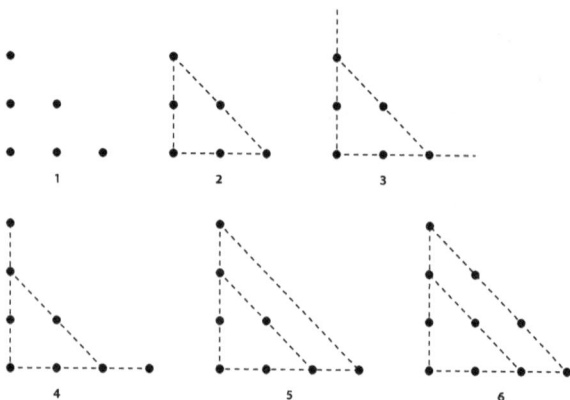

Appendice i/6

Zenone è celebre per i suoi paradossi. Il più famoso è quello di *Achille e la tartaruga*, ma ce ne sono altri due che ancor meglio descrivono la sua spietata critica nei confronti della tesi monadica della materia. Il primo paradosso sostiene che se le cose sono molte, esse sono allo stesso tempo un numero finito e un numero infinito: sono finite in quanto esse sono né più né meno di quante sono, e infinite poiché tra la prima e la seconda ce n'è una terza e così via. Il secondo paradosso invece sostiene che se le unità non hanno grandezza, le cose da esse composte non avranno grandezza, mentre se le unità hanno una certa grandezza, le cose composte da infinite unità avranno una grandezza infinita.

Appendice i/7

Solido platonico è sinonimo di *solido regolare* e di *poliedro convesso regolare* e si definisce come poliedro convesso che ha per facce poligoni regolari congruenti (cioè sovrapponibili esattamente) e che ha tutti gli spigoli e i vertici equivalenti. Ne consegue che anche i suoi angoloidi hanno la stessa ampiezza. Essi sono: *tetraedro, esaedro, ottaedro, dodecaedro, icosaedro.* Il nome deriva dal numero delle sue facce, rispettivamente 4, 6, 8, 12 e 20.

Appendice i/8

La teoria di Eudosso di Cnido costituisce il primo tentativo di risolvere il problema delle irregolarità riscontrate nei moti planetari, spiegandole attraverso il ricorso a movimenti circolari e regolari. Nel suo modello i corpi celesti stanno su sfere concentriche rispetto alla Terra che è considerata immobile al centro dell'universo. La sfera più esterna è quella delle stelle fisse e si muove di moto circolare uniforme. Gli altri corpi celesti sono collocati su sette gruppi di sfere, tre per il Sole, tre per la Luna e quattro per ciascuno dei cinque pianeti, per un totale di ventisette sfere. Le sfere sono tutte concentriche e ciascuna di esse all'interno del proprio gruppo ruota intorno a un asse differente. Il corpo celeste relativo a un gruppo è fissato alla sfera più interna e partecipa alla rotazione di tutte le sfere del gruppo. Con la combinazione di questi moti circolari si ottengono traiettorie assai complesse, tali da descrivere il moto reale dei moti celesti. Grazie a questo sistema geocentrico è possibile spiegare il moto giornaliero verso occidente di un pianeta e il suo spostamento annuale in direzione opposta lungo l'orbita apparente descritta dal Sole intorno alla Terra.

Appendice i/9

Pochi sono i dati certi sulla vita di Archimede, però tutte le fonti concordano sul fatto che fosse nato a Siracusa e che qui venne ucciso durante il sacco della città avvenuto nel 212 a.C. Il suo nome è indissolubilmente legato a due aneddoti leggendari. Il primo racconta di quando il sovrano Gerone II gli chiese di determinare se una corona fosse stata realizzata con oro puro, oppure utilizzando all'interno altri metalli. Egli avrebbe scoperto come risolvere il problema mentre faceva un bagno, notando che immergendosi nell'acqua provocava un innalzamento del livello del liquido. Questa osservazione l'avrebbe reso così felice che sarebbe uscito nudo dall'acqua esclamando *héureka!*: *ho trovato!*. Nel secondo aneddoto si racconta che Archimede sarebbe riuscito a spostare da solo una nave grazie a una macchina da lui inventata (la leva). Esaltato da questa scoperta che gli consentiva di spostare grandi pesi con piccole forze, in questa o in un'altra occasione, avrebbe esclamato: *"datemi un punto d'appoggio e solleverò la Terra"*.

Ma la fama di Archimede nell'antichità fu affidata più ancora alle sue straordinarie invenzioni tecnologiche. Famosi sono gli *specchi ustori*: lamiere metalliche concave che riflettevano la luce solare. Essi furono usati per incendiare le imbarcazioni nemiche durante l'assedio di Siracusa da parte dell'esercito romano.

Archimede si occupò tantissimo di matematica ottenendo brillanti risultati. Egli dimostrò che un *cerchio* è equivalente a un *triangolo* con base eguale alla circonferenza e altezza uguale al *raggio*. Tale risultato fu ottenuto approssimando il cerchio, dall'interno e dall'esterno, con *poligoni* regolari inscritti e circoscritti. Con lo stesso procedimento, Archimede espose un metodo con il quale approssimare arbitrariamente il rapporto tra *circonferenza* e *diametro* di un cerchio dato, rapporto che oggi si indica con π. Le stime da lui ottenute limitano questo valore fra $22/7$ (circa 3.1429) e $223/71$ (circa 3.1408). A lui si deve anche la *quadratura della parabola* per calcolare l'area di un segmento di parabola, ossia la figura delimitata da una *parabola* e una linea *secante*, non necessariamente ortogonale all'asse della parabola, trovando che vale i $4/3$ dell'area del massimo triangolo in esso inscritto. Egli dimostrò che il massimo triangolo inscritto può essere ottenuto mediante il seguente procedimento. Detto base del segmento di parabola, il segmento della secante compreso tra i due punti di intersezione, si considerino le rette parallele all'asse della parabola passanti per gli estremi della base. Si tracci una terza retta parallela alle prime due e da loro equidistante. L'intersezione di quest'ultima retta con la parabola determina il terzo vertice del triangolo. Si ottengono così due nuovi segmenti di parabola nei quali si possono inscrivere due nuovi triangoli.

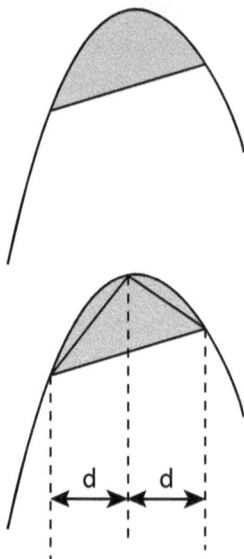

Iterando il procedimento si riempie il segmento di parabola con infiniti triangoli. L'area richiesta è ottenuta calcolando l'area di tutti i triangoli e sommando gli infiniti termini ottenuti. Il passo finale si riduce alla somma della serie *geometrica* di ragione 1/4:

$$\sum_{n=0}^{\infty} 4^{-n} = 1 + 4^{-1} + 4^{-2} + 4^{-3} + \cdots = \frac{4}{3}.$$

È questo il primo esempio conosciuto di somma di una serie. All'inizio della dimostrazione, riportata nel trattato: La *quadratura della parabola*, è introdotto quello che ancora oggi è chiamato *assioma di Archimede* (v. App. iv/3).

Un altro famoso trattato di Archimede è: *Della sfera e del cilindro*. Il principali risultati di questa opera in due libri sono la dimostrazione che la superficie della sfera è quadrupla del suo cerchio massimo, e che il suo volume è i due terzi di quello del *cilindro* circoscritto. Secondo una tradizione trasmessa da Plutarco e Cicerone, Archimede era così fiero di quest'ultimo risultato che volle che fosse riprodotto come epitaffio sulla sua tomba.

Appendice i/10

Le grandezze incommensurabili sono quelle la cui misura è espressa da un numero irrazionale, cioè un numero decimale con infinite cifre non periodiche dopo la virgola, e, quindi, non riconducibile a frazione razionale. Le grandezze incommensurabili sono perciò misurabili solo per approssimazioni successive.

I numeri irrazionali (detti anche trascendenti) più famosi sono π, l'esponenziale e, la *sezione aurea*. Tra i meno noti citiamo il $\varkappa$ (kaw) che misura la lunghezza di una semionda sinusoidale (da: La *leggenda dei Turri* di R. Zucchini; A&B Editrice 2009).

Tra due numeri razionali infinitesimamente vicini esistono infiniti numeri irrazionali. Tra due numeri irrazionali

infinitesimamente vicini ne esistono ancora infiniti. Perciò
i numeri irrazionali rendono *continua* la retta numerica.

Due grandezze sono tra loro incommensurabili se non
ammettono un sottomultiplo in comune.

ii. L'origine della geometria assiomatica. Gli Elementi di Euclide

È fuori di dubbio che il procedimento assiomatico che caratterizza una gran parte della matematica moderna fu iniziato per la geometria nei famosi *Elementi* di Euclide (v. App. ii/1).

Questa opera scritta più di duemila anni fa ha avuto un'enorme influenza nella formazione della nostra presente civiltà, e sebbene lontana dalla perfezione a cui Euclide aspirava, essa suscitò l'ammirazione del genere umano e stabilì un livello di rigore per le dimostrazioni che rimase insuperato fino ai tempi moderni.

Euclide instaurò il suo sistema con *quattro assiomi e cinque postulati* che costituiscono le proposizioni primitive degli *Elementi* (v. App. ii/2). Egli scelse queste poche verità geometriche come base e dimostrò tutto il resto come conseguenze di esse.

Se comunque analizziamo queste verità ci accorgiamo che esse contengono numerosi termini tecnici come *punto, retta, cerchio, centro, angolo retto,* come pure certe operazioni fisiche: *tracciare, prolungare indefinitamente* e *cadere.* È dubbio che Euclide si sia reso conto della necessità di nozioni primitive (non definite) anche se riconosceva chiaramente la necessità di affermazioni non comprovate nel suo schema. È comunque un fatto che la sua opera non contiene nessuna lista di termini non definiti, ma, al contrario, vi si tenta di definire tutti i termini che vi intervengono. Alcune delle definizioni di Euclide (cerchio, angolo retto, ecc.) sono precise e utili per lo sviluppo della geometria, altre (punto, retta) sono vaghe. Il punto, per esempio, è definito in termini di parte, ma egli non definisce la parte, che insieme ad altri termini sfrutta per definire certi altri enti ma che poi non usa più nel seguito del suo trattato.

Negli *Elementi*, insomma, concetti sconosciuti (la retta) vengono caratterizzati da altri concetti che non sono in alcun modo conosciuti (*giacere ugualmente su se stessa con i suoi punti*).

Una più severa critica al tentativo di Euclide di impiantare la geometria come sistema deduttivo è la seguente: supposto che egli avesse espresso i suoi cinque postulati senza usare le nozioni di natura fisica sopra menzionate, le sue fondamenta erano semplicemente insufficienti a sopportare l'elevato edificio che egli cercava di erigere su di esse. In altre parole, egli fu in grado di dimostrare molti dei suoi teoremi poiché usava argomenti che non possono essere giustificati a partire dai suoi postulati. Egli utilizza, ad esempio, nelle sue dimostrazioni, il seguente fatto evidente: se si traccia una semiretta per il vertice A di un triangolo (fig. 1), che penetri all'interno dell'angolo, allora tale semiretta incontra il lato opposto del triangolo. Questo naturalmente è giusto. Ma se ci si è prefissi lo scopo di dedurre tutte le proposizioni della geometria dal sistema degli assiomi e dei postulati, non è lecito introdurre *elementi* intuitivi non dimostrabili a partire dai fondamenti scelti.

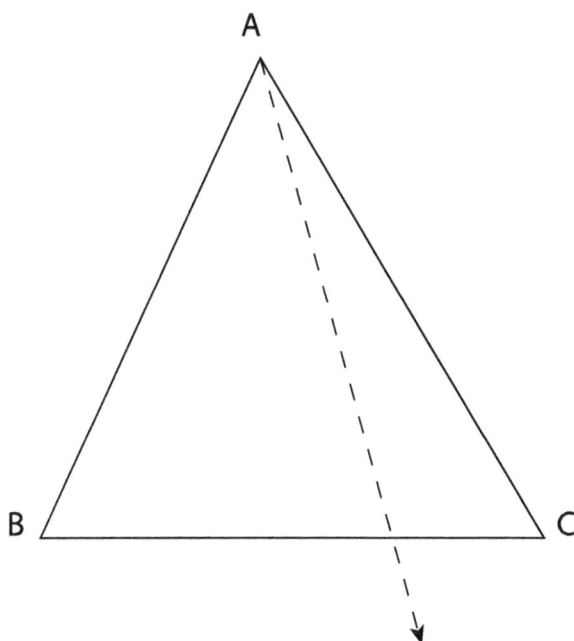

fig.1

Questo accade proprio nel primo enunciato, che si propone di dimostrare che su ogni segmento AB si può costruire un triangolo equilatero. La sua dimostrazione non è valida (è incompleta), in quanto fa uso di un punto C la cui esistenza non è, e non può essere, stabilita come conseguenza dei cinque postulati, dato che non si può dimostrare che le circonferenze con centri in A e B e raggio AB che egli introduce nella sua argomentazione si intersecano per dare il punto C. (fig. 2). Questa difficoltà è dovuta alla mancanza di un postulato che assicurerebbe la *continuità* delle rette e delle circonferenze.

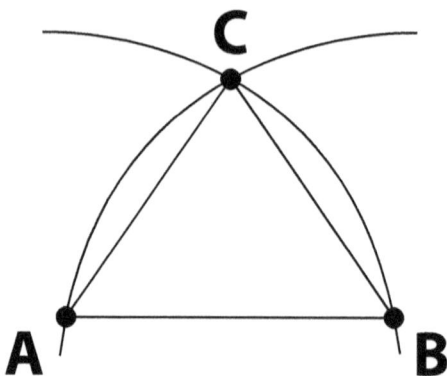

fig.2

Ci sono altre deficienze negli *Elementi.*

In una delle sue dimostrazioni Euclide assume tacitamente che se tre punti sono allineati, uno dei punti è *compreso fra* gli altri due sebbene la nozione di essere compreso non appaia nella sua *base.*

Il concetto di Euclide di congruenza fra figure è quello ingenuo di sovrapposizione, secondo il quale egli considera una figura come traslata o sovrapposta a un'altra. Si è pensato che egli non approvasse il metodo, ma ne facesse uso per ragioni tradizionali o perché egli non riuscì a trovarne uno migliore.

La matematica moderna, dopo duemila anni da Euclide, è pervenuta all'opinione di rinunciare a una vera e propria definizione dei concetti geometrici fondamentali; una definizione è possibile solo implicitamente con l'ausilio di un sistema di assiomi. Per cui i sistemi moderni non ricorrono a illecite prese in prestito dall'intuizione.

Nonostante ciò una critica agli *Elementi* di Euclide deve essere molto cauta, in quanto non si possono naturalmente misurare le opere dei secoli passati con il metro del nostro tempo. Per questo sembra molto azzardato ciò che ebbe a scrivere E. T. Whittaker (Edmund Taylor Whittaker; 1873 – 1956, matematico britannico), in un'opera sullo sviluppo del concetto di spazio, nei riguardi degli *Elementi* di Euclide: *"Con ciò, questa opera perde ogni diritto di essere presa sul serio dal punto di vista scientifico"*. Va affermato senza esitazioni che l'opera di Euclide è un lavoro geniale, pur facendo tutte le necessarie critiche. Ciò apparirà ancora più chiaro analizzando i problemi che ha posto ai matematici di due millenni il *postulato delle parallele*. Infatti il *quinto postulato* di Euclide (o delle parallele) è una delle pietre miliari sulla quale poggia la sua grandezza di matematico, nonostante esso fu alla base delle più vivaci critiche al suo sistema. I quattro postulati che lo precedono sono corte e semplici affermazioni e non sorprende se la natura molto più complicata dell'affermazione contenuta nel quinto postulato suggerì l'idea che esso potesse essere un teorema piuttosto che un assioma. Un'idea che senza saperlo ricevette il suo appoggio dallo stesso Euclide, dato che egli ne dimostrò l'opposto (v. Cap. v).

Appendici al capitolo ii

Appendice ii/1

Gli Elementi di Euclide sono la più importante opera matematica della cultura greca antica. Essi rappresentano un quadro completo e definito dei principi della geometria noti a quel tempo. L'opera consiste in 13 libri: i primi sei riguardanti la geometria piana, i successivi quattro i rapporti tra grandezze (in particolare il decimo libro riguarda la teoria degli incommensurabili) e gli ultimi tre la geometria solida. Da quando, nel secolo XV, fu inventata la stampa, vennero pubblicate tantissime edizioni degli Elementi di Euclide. Si ritiene che quest'opera sia stata superata soltanto dalla Bibbia. In figura è riprodotto il frontespizio degli Elementi in una traduzione di Niccolò Fontana detto Il Tartaglia (Brescia 1499 – Venezia 1557). L'edizione fu stampata a Venezia nel 1569. Come per molto tempo è avvenuto, l'autore degli Elementi è confuso con il filosofo Euclide di Megara.

Euclide

Appendice ii/2

Di seguito i quattro assiomi e i cinque postulati sui quali si fondano gli Elementi di Euclide.

Assiomi:

I. *Due cose uguali a una terza sono uguali tra di loro.*

II. *Se a cose uguali si aggiungono cose uguali allora si ottengono cose uguali.*

III. *Se da cose uguali si tolgono cose uguali allora si ottengono cose uguali.*

IV. *Cose che possono essere portate a sovrapporsi l'una all'altra sono uguali tra di loro.* (Questo è l'assioma più discusso, in quanto appare più una definizione dell'uguaglianza tra le figure geometriche, piuttosto che un assioma).

Postulati:

I. *Da ogni punto ad ogni altro punto è possibile condurre una ed una sola retta.*

II. *Un segmento di linea retta può essere indefinitamente prolungato in linea retta.*

III. *Dato un punto e una lunghezza, è possibile tracciare un cerchio.*

IV. *Tutti gli angoli retti sono uguali tra di loro.*

V. Il V postulato è trattato nel Cap. iii.

iii. Il quinto postulato. Proclo.

Il quinto postulato di Euclide o delle rette parallele afferma:

Se una retta c interseca due rette a e b e forma nello stesso semipiano due angoli interni α e β la cui somma è minore di due angoli retti, allora le rette a e b, se prolungate indefinitamente, si incontreranno in quella parte del piano in cui gli angoli interni hanno somma minore di due angoli retti. (fig. 1)

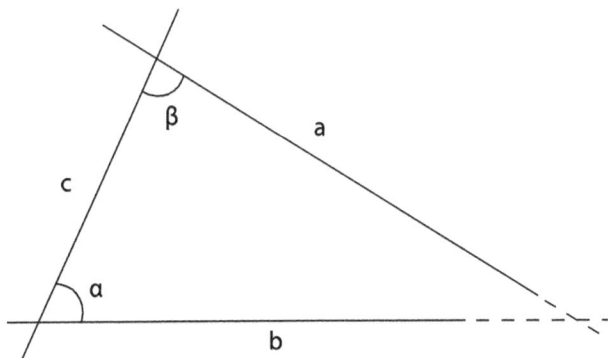

fig.1

Fu proprio questo antico problema delle parallele all'origine della rivoluzione non–euclidea.

In breve il problema delle parallele è quello di dimostrare che il quinto postulato di Euclide non è affatto un postulato (cioè un asserto non dimostrabile), ma piuttosto un teorema che può essere dimostrato usando i soli assiomi di quella che Janòs Bòlyai (v. Cap. vii), chiamava *geometria assoluta*. Bòlyai dava questo nome ai teoremi che potevano essere dimostrati senza usare il quinto postulato. Quindi la geometria assoluta consiste di quelle proposizioni che sono vere indipendentemente dal fatto che il V postulato lo sia o meno. In altre parole la geometria assoluta è quella vera tanto nella geometria euclidea che in quella non–euclidea. Le prime ventotto proposizioni degli *Elementi* di Euclide appartengono alla geometria assoluta. Perciò, nel momento stesso in cui il quinto postulato veniva enunciato, si poneva ai matematici il seguente problema: il quinto postulato è conseguenza, o no, dei precedenti? Può essere, o no, dimostrato a partire da essi? Se il problema delle parallele si potesse risolvere si sarebbe dimostrato che il quinto postulato è un teorema della geometria assoluta. Ne seguirebbe allora che la geometria assoluta includa tutta intera la geometria euclidea. Sarebbe allora impossibile una geometria non–euclidea.

Oggi si può vedere facilmente che il grande contributo di Euclide sta quindi nell'aver capito che era necessario un postulato per specificare *la natura delle rette parallele*. Per molti dei suoi successori, però, la presenza di questo asserto nell'insieme dei postulati non dimostrabili era una *macchia* della teoria che andava eliminata.

Dalla posizione privilegiata di chi sa che la geometria non–euclidea è possibile, è divertente e insieme preoccupante elencare i lavori dei matematici dei tempi passati che pensarono di aver dimostrato il quinto postulato. I primi di tali lavori risalgono al tempo di Euclide e gli studi sul problema, ad opera di insigni matematici, continuarono fino alla metà del XIX secolo. Il fallimento di tutti questi tentativi stabilì in modo incrollabile la fama di Euclide e, cosa più importante, condussero alla scoperta della geometria non–euclidea.

Qui esaminiamo uno dei primi esempi di questi sforzi. Uno molto più recente è esaminato nel Cap. iv.

Proclo (Licio Diadoco; 411 – 485) (v. App. iii/1) fu un matematico e filosofo molto competente che studiò da giovane in Alessandria e più tardi andò ad Atene dove insegnò matematica. Era tenuto in alta considerazione tra i suoi contemporanei per la sua cultura e il suo ingegno. La sua critica agli *Elementi* è una delle principali fonti d'informazione riguardante gli inizi della geometria greca, perché le opere dei predecessori di Euclide erano andate perdute.

Proclo dimostrò che il quinto postulato può essere dimostrato se si suppone che:

"Se l1 e l2 sono due rette parallele e l3 è una retta distinta da esse e incidente a l1, allora l3 è incidente a l2"

Infatti assumendo vera l'affermazione fra virgolette, siano m1 e m2 due rette e m3 una trasversale che intersechi m1 in un punto P e tale che la somma dei due angoli α e β sia minore di due angoli retti (2R) (fig. 2). Allora esiste una retta m4 per P tale che $\alpha + \beta = 2R$ e sulla base della proposizione 28 del Libro I degli *Elementi* (la dimostrazione della quale non implica il V postulato. Euclide lo usa per la prima volta per dimostrare la proposizione 29), le rette m2 e m4 sono parallele.

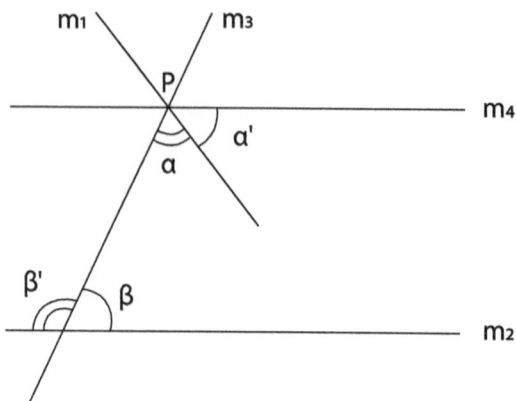

fig.2

Da ciò la retta m1 che è distinta da m4 e la incontra in P, interseca anche la retta m2. Inoltre le rette m1 e m2 si incontrano da quella parte della trasversale m3 per la quale la somma degli angoli interni α e β è minore di 2R, poiché se si suppone che si incontrano dall'altra parte di m3; dovrebbero formare con m3 un triangolo con un angolo esterno α' che è minore di un angolo esterno opposto β', il che è contrario alla proposizione 26 del Libro I, la cui dimostrazione non implica il V postulato (v. App. iii/2).

Avendo dimostrato tutto questo in maniera accettabile, rimaneva a Proclo di derivare la proposizione fra virgolette dai postulati I–IV. Qui c'è la spiegazione di Proclo come riportata da T. L. Heath (Thomas Little Heath; 1861 – 1940) nel *The Thirteen Books of Euclid's Elements* (Cambridge 1908):

"Siano AB e CD due rette parallele, e EFG intersechi AB; io dico che intersecherà anche CD, poiché BF e FG sono due rette che

partono da un punto F, esse hanno, quando si prolungano all'infinito, una distanza maggiore di qualsiasi grandezza, in modo che essa sarà più grande della distanza fra le rette parallele. Ogni qualvolta, quindi, esse sono ad una distanza l'una dall'altra più grande della distanza fra le parallele, allora FG incontrerà CD" (fig.3).

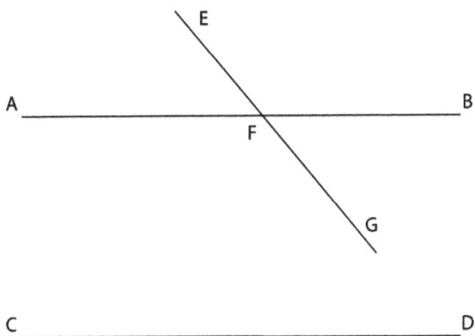

fig.3

L'asserzione fatta nella seconda frase della *dimostrazione* di Proclo è essenzialmente un assioma che egli attribuisce a Aristotele. Non era un postulato degli *Elementi*, né Proclo tentò di derivarlo dai postulati I–IV, ma una critica più profonda della affermazione di Proclo riguarda la tacita ammissione inclusa nella frase *l'intervallo fra le parallele e la distanza fra le parallele*. Queste frasi implicano che rette parallele sono a distanza costante fra loro, ma la giustificazione di questa implicita ammissione è lo stesso V postulato, che le è logicamente equivalente. Per una dimostrazione basata sull'assioma di Aristotele sarebbe sufficiente che le distanze perpendicolari fra i punti su AB e CD siano semplicemente limitate, ma anche questo è equivalente al quinto postulato.

L'errore di Proclo fu comune a quasi tutti i matematici che seguirono Euclide. Infatti fino alla soglia del XIX secolo il problema che i matematici, logici, filosofi si ponevano era quello di dimostrare il V postulato a partire dagli assiomi generali e dai precedenti postulati. In questa forma il problema non riusciva ad essere risolto perché era impossibile risolverlo, giacché il quinto postulato, come oggi sappiamo, non è conseguenza dei precedenti.

Questa mole enorme di lavoro e di meditazioni portò a una serie di dimostrazioni sbagliate del quinto postulato che venivano via via criticate per essere sostituite con altre nelle quali l'errore era sempre più nascosto. Nelle più sottili fra di esse l'errore consiste in ciò: al V postulato viene ammessa tacitamente o esplicitamente una proposizione ad esso equivalente.

Appendici al capitolo iii

Appendice iii/1

Proclo studiò con Siriano, figlio di Filosseno, il quale ammirato per la sua intelligenza lo fece conoscere a Plutarco di Atene, capo dell'Accademia fondata da Platone. Proclo visse con Plutarco due anni che lo trattò come un figlio. Alla morte di Plutarco la direzione dell' Accademia passò a Siriano che divenne maestro di Proclo. Alla morte improvvisa di Siriano (437) Proclo gli succedette come diadoco dell'Accademia all' età di 25 anni. Commentò le opere di Platone e gli *Elementi* di Euclide. Il suo *Commentario* è stata fonte di tante e importanti informazioni sulla filosofia e la scienza nella Grecia antica. Egli visse ad Atene per quasi tutta la sua vita, eccetto un anno di esilio al quale fu costretto per la sua attività politico–filosofica, mal tollerata dal regime cristiano. Questo è l'epitaffio che Proclo, volle scrivere sulla sua tomba: "*Io, Proclo, fui Licio di stirpe, e Siriano mi formò qui per succedergli nell'insegnamento. Questa tomba comune accolse il corpo d'entrambi; oh, se un solo luogo ricevesse anche le anime!*".

Di lui si narra che mangiasse e bevesse assai poco, osservando il digiuno l'ultimo giorno del mese, e che la notte fosse uso vegliare in preghiera; che osservasse i giorni nefasti degli egiziani e celebrasse i noviluni. Ogni anno si recava a visitare le tombe degli eroi e dei filosofi, offrendo sacrifici espiatori per le anime dei defunti. Si occupò di matematica, in particolare di geometria, e di filosofia. Scrisse molti inni dedicandoli agli dei greci ma anche a divinità di altri popoli. Di seguito si riporta quello dedicato a Afrodite:

Cantiamo la stirpe onorata d'Afrogenia
e l'origine grande, regale, da cui tutti
nacquero gli immortali alati Amori,
dei quali alcuni con dardi intellettivi saettano
le anime, affinché punte da stimoli sublimanti di desideri,
agognino vedere le sedi d'igneo splendore della madre;
altri, invece, in obbedienza ai voleri e ai preveggenti, salutari consigli
del padre,
desiderosi d'accrescere con nuove nascite il mondo infinito,
eccitano nelle anime il dolce desiderio della vita terrena.
Altri ancora sui vari sentieri degli amplessi nuziali
incessantemente vigilano, onde da stirpe mortale
immortale rendere il genere degli uomini oppressi dai mali
e a tutti stanno a cuore le opere di Citerea, madre d'amore.
Ma, o dea, poiché tu dovunque porgi orecchio attento,
o che circondi il vasto cielo, dove dicono che tu
sia l'anima divina del mondo eterno,
o che risiedi nell'etere al di sopra dell'orbite dei sette pianeti,
riversando su di noi, che da te discendiamo, indomite energie,
ascolta, e il doloroso cammino della mia vita
guida coi tuoi santissimi strali, o veneranda,
placando l'impeto gelido dei desideri non pii.

Appendice iii/2

Proposizione 26

"Se due triangoli hanno due angoli uguali rispettivamente a due angoli ed un lato uguale ad un lato, o quello (adiacente) agli angoli uguali o quello che è opposto ad uno degli angoli uguali, essi avranno anche i lati rimanenti uguali rispettivamente ai lati rimanenti, e l'angolo rimanente uguale all'angolo rimanente."

In sostanza, l'enunciato afferma che un triangolo è univocamente determinato una volta assegnati due angoli e uno dei lati.

Proposizione 28 (criterio per riconoscere se due rette sono parallele)

"Se una retta, cadendo su due rette, forma angoli corrispondenti uguali o angoli coniugati interni aventi somma uguale a due retti, allora le rette sono parallele".

Proposizione 29 (inversa di 28)

"Se due rette sono parallele, una retta che cade su di esse forma angoli alterni interni uguali, o angoli corrispondenti uguali, o angoli coniugati interni aventi somma uguale a due retti".

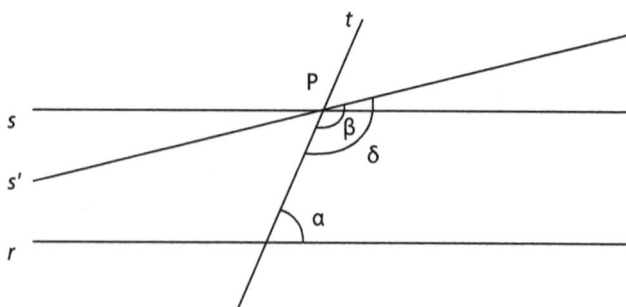

Tale proposizione, facendo ricorso per la prima volta al V postulato, assicura l'*unicità* della parallela per un punto a una retta data. Infatti se per il punto P si potessero condurre due rette s ed s' entrambe parallele ad r, per non contraddire il V postulato di Euclide (che supponiamo vero), dovrebbe essere: $\alpha+\beta = 2$ retti e $\alpha+\delta = 2$ retti da cui si ha $\beta = \delta$ e quindi s' = s.

iv. Il contributo di Saccheri: un geniale esercizio logico

Dopo Proclo la critica al quinto postulato andò avanti con il greco Aganis (VI sec.), Nasìr–Ed–dìn (1201 – 1274), John Wallis (Ashford 1613 – Oxford 1703) (v. App. iv/1), e tanti, tanti altri. Nell'anno 1763, G. S. Glügel, un allievo di Kästner (Abraham Gotthelf Kästner; Lipsia 1710 – Göttingen 1800), ha raccolto nella sua tesi i tentativi di dimostrazione del V postulato a lui accessibili. Risultarono ottantadue. Nel 1889 quando ormai la geometria non–euclidea era stata edificata, si scoprì un capitolo dimenticato della storia delle parallele. Eugenio Beltrami (1835 – 1900) autore di importanti contributi alla geometria non–euclidea, riportò alla luce gli scritti dell'ormai ignorato G. G. Saccheri (Giovanni Girolamo Saccheri; Sanremo 1667 – Milano 1733) (v. App. iv/2).

G. G. Saccheri era un professore gesuita che, come logico, si era specializzato nello studio della *reductio ad absurdum*: il metodo dimostrativo in cui si mostra che se la conclusione desiderata *non* fosse vera, ne seguirebbe una contraddizione (*absurdum*).

Saccheri scoprì gli errori nei tentativi di Wallis e di Nasìr–Ed–dìn di dimostrare in modo diretto il V postulato e in un libro intitolato *Euclides ab omni naevo vindicatus: sive conatus geometricus quo stabiliunter prima ipsa universae geometricae principia* (1733) egli tentò l'impresa in cui questi erano falliti. Usando il metodo indiretto Saccheri cercò di dimostrare il V postulato facendo vedere che la sua negazione portava a un'assurdità, a una contraddizione. Naturalmente non era possibile giungere a una contraddizione, e quello a cui egli poteva giungere, e a cui di fatto giunse, (senza rendersene conto) fu una serie di teoremi di geometria non–euclidea. Egli partì dalle prime ventotto proposizioni degli *Elementi* di Euclide, che, come già visto, non fanno uso del quinto postulato, usato per la prima volta da Euclide nella dimostrazione della proposizione 29 del Libro I, e introdusse un'importante figura nella geometria: il *quadrilaterobirettangolo isoscele* (fig. 1).

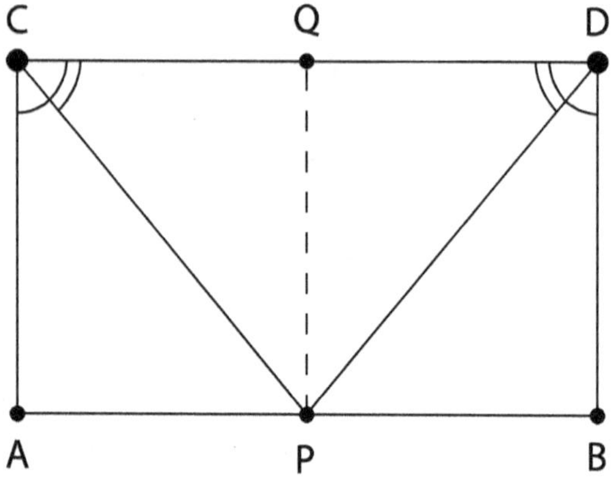

fig.1

G. G. Saccheri tracciò a partire dai punti A e B di un segmento AB segmenti uguali AC e BD e congiunse i punti C e D con una linea retta. Sulla base dei postulati I–IV è facilmente provato che $A\hat{C}D = B\hat{D}C$ poiché se P, Q denotano i punti medi dei segmenti AB e CD rispettivamente, i due triangoli retti ACP e BPD sono congrui (prop. 4; Libro I); così $A\hat{C}P = B\hat{D}P$ e il lato PC è uguale al lato PD. Allora i lati del triangolo DPQ sono uguali rispettivamente ai lati del triangolo CPQ, e, conseguentemente, questi due triangoli sono congrui (prop. 4,8; Libro I). Segue che $P^\wedge CD = P^\wedge DC$, e, di conseguenza, $A^\wedge CD = A^\wedge CP + P^\wedge CD = B^\wedge DP + P^\wedge DC = B^\wedge DC$.

Chiamando gli angoli uguali in C e D *angoli al vertice* del quadrilatero di Saccheri, per tali angoli può verificarsi una ed una sola delle tre seguenti possibilità:

1) sono angoli retti,

2) sono angoli ottusi,

3) sono angoli acuti.

Saccheri chiamò rispettivamente queste le ipotesi degli angoli retti, degli angoli ottusi, degli angoli acuti, e dimostrò che se una di queste ipotesi fosse stata valida per uno dei suoi quadrilateri, sarebbe stata valida per ciascuno di essi. Usando l'infinità (ossia la lunghezza illimitata della linea retta), e basandosi sul principio della continuità e il postulato di Archimede (di Siracusa; 287 – 212 a.C.(?)) (v. App. iv/3), egli dimostrò che il quinto postulato è una conseguenza dell'ipotesi degli angoli retti e che l'ipotesi degli angoli ottusi è contraddittoria. Rimaneva solo da liberarsi della ipotesi degli angoli acuti. Saccheri studiò profondamente le conseguenze dell'ipotesi degli angoli acuti, ma sebbene egli ottenesse molti risultati che sembravano strani, poiché essi differivano notevolmente da quelli che erano stati stabiliti dall'uso del V postulato, egli non ebbe mai successo nella sua ricerca della contraddizione desiderata. Incapace di eliminare l'ipotesi degli angoli acuti su un terreno puramente logico e provare così il quinto postulato, Saccheri si rifugiò sul terreno più debole dell'intuizione e concluse: *"L'ipotesi degli angoli acuti è assolutamente falsa perché ripugna alla natura della linea retta"*.

Come si può vedere quella di Saccheri non è più una dimostrazione del logico, ma un atto di fede del filosofo legato alla visione tolemaica della geometria. Ciò che sarebbe stato contrario alla natura della linea retta sarebbe il fatto che due rette parallele avrebbero *una perpendicolare comune in un punto comune all'infinito*, mentr'egli ha prima dimostrato che al finito, nell'ipotesi dell'angolo acuto, una retta e la sua parallela per un punto non possono avere perpendicolari comuni. La pretesa dimostrazione di Saccheri è dunque fondata sull'estensione all'infinito di certe proprietà valide per figure situate a distanza finita.

Un'inveterata tradizionale credenza, il preconcetto dogmatico a favore del postulato euclideo e, più generalmente, a favore del carattere assoluto della geometria euclidea, avevano provocato l'errore in uno dei più formidabili logici di tutti i tempi.

L'ipotesi dell'angolo acuto, che tanto affaticò l'acuta mente di Girolamo Saccheri è precisamente l'ipotesi di Bòlyai e Lobaçevskij. Beltrami, colui che aveva riscoperto Saccheri, mostrò che una certa superficie, nello spazio euclideo tridimensionale, la *pseudosfera*, soddisfa la geometria non–euclidea fondata sull'ipotesi dell'angolo acuto (v. Cap. viii). Questo significava che se la geometria non–euclidea iperbolica fosse contraddittoria lo sarebbe anche la geometria euclidea. Se Saccheri, quindi, fosse riuscito ad eliminare la *macchia* di Euclide, questo avrebbe significato allo stesso tempo la distruzione dell'intera geometria euclidea, e ciò, di certo, non gli avrebbe fatto piacere!

Dal punto di vista attuale la conquista reale di G.G. Saccheri sta quindi nell'aver dimostrato un certo numero di importanti teoremi di geometria non−euclidea. Il suo grande difetto sta nell'aver insistito nel considerarli assurdi. Cercando di difendere Euclide, il prete italiano, divenne un involontario precursore dei geometri non−euclidei.

Appendici al capitolo iv

Appendice iv/1

A John Wallis si attribuisce l'introduzione del simbolo ∞ che denota il concetto matematico di infinito. Egli ha dato un notevole contributo al calcolo infinitesimale.

Appendice iv/2

G. G. Saccheri entrò diciottenne nell'ordine della Compagnia di Gesù a Genova, dove fu avviato allo studio della geometria. Venne ordinato sacerdote a Como nel 1694, quindi insegnò filosofia e teologia nei collegi gesuiti di Torino e di Pavia, dove gli fu affidata la cattedra di matematica fino alla morte. L'opera di G. G. Saccheri fu abbastanza diffusa dopo la sua pubblicazione e di essa parlarono due storie della matematica: quella di J. C. Heilbronner (Lipsia, 1742) e quella del Montucla (Parigi, 1758). Inoltre è minutamente analizzata da G. S. Klügel nella sua dissertazione sulle tante dimostrazioni del V postulato. Non di meno cadde in dimenticanza. Solo nel 1889 fu riscoperta da E. Beltrami.

EUCLIDES

AB OMNI NÆVO VINDICATUS:

SIVE

CONATUS GEOMETRICUS

QUO STABILIUNTUR

Prima ipsa universæ Geometriæ Principia.

AUCTORE

HIERONYMO SACCHERIO

SOCIETATIS JESU

In Ticinensi Universitate Matheseos Professore.

OPUSCULUM

EX.ᴹᴼ SENATUI

MEDIOLANENSI

Ab Auctore Dicatum.

MEDIOLANI, MDCCXXXIII.

Ex Typographia Pauli Antonii Montani .   *Superiorum permissi*

Appendice iv/3

Il principio di continuità afferma che se una figura può ottenersi da un'altra per variazione continua ed è altrettanto generale della prima, ogni proprietà vera per la prima figura è vera anche per la seconda.

Postulato di Archimede:

Date due grandezze geometriche esiste sempre una grandezza multipla di una che è maggiore dell'altra.

v. La geometria non–euclidea prima di Euclide

In generale si pensa che sia stato Saccheri il primo matematico a compiere la distinzione degli angoli. La cosa straordinaria è che indagini del genere furono condotte dai matematici greci una generazione prima di Euclide. Chiari riferimenti a queste ricerche si trovano nelle opere filosofiche di Aristotele, ove sono rimasti sepolti per più di 2000 anni senza destare, a quanto sembra, l'attenzione dei matematici.

Seguendo a ritroso la storia dell'approccio al problema delle parallele, possiamo trovare riferimenti ad esso in Gersonide (XIV sec.) (v. App. v/1), Nasìr–Ed–dìn (XIII sec.), Omar Khayyam (XI sec.), Al–hazem (X sec.), e addirittura in Tolomeo (II sec.) (v. App. v/2), a quanto viene riferito nel *Commentario* di Proclo risalente al V sec., la fonte più antica su questo problema.

Solo G.G. Saccheri e il tedesco J.H. Lambert (Johann Heinrich Lambert; Mulhouse 1728 – Berlino 1777) (v. App. v/3) posero le basi di un ben connesso sistema di proposizioni anti–euclidee, gli altri scartarono con qualche errore più o meno banale l'ipotesi anti–euclidea.

(È da far notare che il termine anti–euclidea è usato per un'ipotesi che si fondi sul presupposto filosofico che sia possibile una sola geometria, la euclidea o la sua opposta, mentre il termine geometria *non–euclidea* vale solo per i sistemi fondati sull'idea che si possano accettare simultaneamente entrambe le geometrie).

L'origine dell'idea, però, va ricercata in tempi di molto anteriori. Infatti l'ipotesi dell'angolo acuto fu esplicitamente formulata dallo stesso Euclide nella dimostrazione della proposizione 29 del Libro I dei suoi Elementi. Euclide affronta la dimostrazione di questo teorema applicando il metodo indiretto che è riportato in forma simbolica con riferimento alla fig. 1.

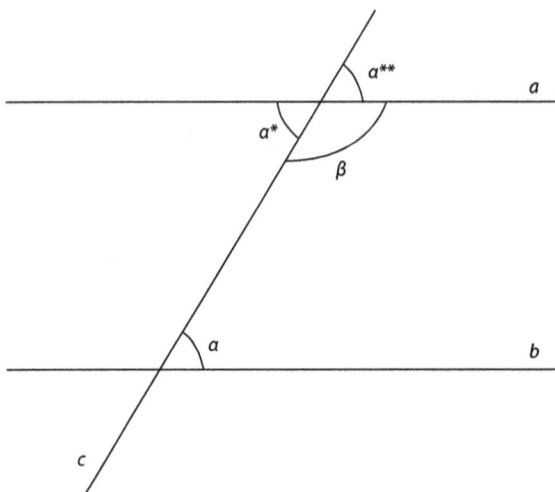

fig.1

ENUNCIATO

Se a//b allora

$\alpha^* = \alpha, \alpha^{**} = \alpha$

$\alpha + \beta = 2R$

DIMOSTRAZIONE

Passo I

IPOTESI ANTI–EUCLIDEA GENERALE

Si assuma $\alpha^* \neq \alpha$

allora $\alpha^{**} \neq \alpha$, $\alpha + \beta \neq 2R$

⬇

Passo II

Se $\alpha^* \neq \alpha$ e $\alpha^{**} \neq \alpha$ e $\alpha + \beta \neq 2R$

allora

o si ha l'ipotesi dell'angolo acuto o si ha l'ipotesi dell'angolo ottuso. Tralasciando l'ipotesi dell'angolo ottuso:

Passo III

IPOTESI DELL'ANGOLO ACUTO

$\alpha^* > \alpha$ e $\alpha^{**} > \alpha$

quindi $\alpha + \beta < 2R$

⬇

Passo IV

Se $\alpha + \beta < 2R$

allora le rette a e b s'incontrano

(V postulato)

⬇

Passo V
a//b
a#b
conclusione assurda
⬇

Passo VI
non è possibile che se a//b
allora α* ≠ α e α** ≠ α e α + β ≠ 2R
⬇

Passo VII
CONCLUSIONE
Se a//b
allora α* = α, α** = α, α + β = 2R
C.V.D.

Contro l'enunciato della proposizione 29 del Libro I egli formula l'ipotesi anti–euclidea generale:

"Se a e b sono parallele, allora l'angolo interno a è diverso dall'angolo alterno a*, quindi dall'angolo esterno a** e la somma dei due angoli interni a e β è anch'essa diversa da due retti (2R)".

Questo è chiaramente un tentativo di ridurre all'assurdo l'ipotesi.

"Ma se a è diverso da a* (continua Euclide) *allora uno dei due è maggiore dell'altro. Sia a*, l'angolo alterno, il maggiore; ma allora si ha anche che a**> a, quindi a + β < 2R".*

Quest'ultima conclusione può essere formulata esplicitamente come segue:

"Due rette a e b, intersecate dalla secante c e formanti gli angoli interni a e β nello stesso semipiano generato da c, non s'incontrano in quella parte del piano in cui la somma degli angoli a e β è minore di 2R".

Questa non è altro che l'ipotesi dell'angolo acuto. Euclide le contrappone il V postulato, che, in sostanza, afferma:

"Se a + β < 2R allora le rette a e b s'incontrano".

Ma se le rette sono parallele?

Questa è una contraddizione formale e Euclide ne deduce immediatamente questa conclusione.

"L'angolo a non può essere diverso dall'angolo a*; questi angoli quindi sono uguali ed abbiamo che a = a** e a + β = 2R". C.V.D.

Tolomeo giustamente criticò la formulazione del postulato data da Euclide, osservando che viene così specificato il semipiano nel quale le rette a e b devono incontrarsi, cosa inutile dal momento che, in se stessa, è un teorema assoluto. Se la proposizione compare però, come conseguenza di una catena di argomentazioni dedotte dall'ipotesi dell'angolo acuto, allora è necessario specificare che l'intersezione si verifica nello stesso semipiano in cui si era supposto inizialmente che le rette non si incontrassero. In caso contrario non ci sarebbe contraddizione formale.

Tutto questo fa pensare che il postulato delle parallele sia stato originariamente una proposizione che i predecessori di Euclide avevano tentato di dedurre dall'ipotesi dell'angolo acuto, riducendo all'assurdo l'ipotesi stessa. La cosa che colpisce di più nell'argomentazione di Euclide, però, è il fatto che, da un punto strettamente formale, essa è completamente sbagliata. Infatti è l'ipotesi anti–euclidea generale che uno dei due angoli α e α* sia maggiore dell'altro che viene avanzata. Egli dimostra che l'angolo α* (e, naturalmente, anche α**) non può essere maggiore di α, ma questo non dimostra affatto che α** non può essere minore di α. Per fare questo Euclide avrebbe dovuto dimostrare che neanche l'angolo interno α può essere maggiore dell'angolo esterno α**. Questa ipotesi, l'ipotesi dell'angolo ottuso, è chiaro, è menzionata all'inizio, ma nessun tentativo di scartarla viene fatto negli Elementi. Questa è una *macchia*, e una macchia reale nello *splendido corpo* degli *Elementi*. Ancora più singolare dell'errore stesso è il fatto che nell'immensa schiera di spietati e ipercritici commentatori nessuno l'abbia mai notato, malgrado che la critica agli *Elementi* di Euclide si sia sempre concentrata sulla proposizione 29 del Libro I.

L'anello mancante di Euclide si trova nello spirito più antico di mezzo secolo circa di Aristotele.

Negli *Analitici* egli scrive: "*La stessa conclusione assurda "le parallele si incontrano" si può ottenere o dalla premessa l'angolo interno è maggiore dell'angolo esterno (a e a**) o dalla premessa "la somma degli angoli interni di un triangolo è maggiore di 2R"*". Questo passo (trascritto in modo da colmare le lacune ma lasciandone integro il significato) riduce all'assurdo il secondo caso particolare dell'ipotesi anti–euclidea generale, menzionato da Euclide ma rimasto insoluto: "*Sia a maggiore di a***". Questa non è altro che l'ipotesi dell'angolo ottuso, in una formulazione perfettamente simmetrica a quella data da Euclide per l'angolo acuto, ipotesi che viene ridotta all'assurdo mediante la stessa conclusione contraddittoria: le parallele a e b si incontrano.

La prima parte del frammento aristotelico è qualcosa che manca in Euclide, invece la seconda parte è presente in Saccheri ed è la proposizione 14 del suo: *Euclides ab omni naevo vindicatus...*

In altre parole dei geometri greci avevano avanzato l'ipotesi dell'angolo ottuso prima di Euclide e già avevano trovato la proposizione fondamentale che permetteva di scartarla. Questa proposizione che manca in Euclide, compare solo in Saccheri. La formulazione data dal Saccheri è identica a quella di Aristotele nel passo sopra citato, per quanto sia certo che Saccheri non conosceva il passo in questione.

L'ipotesi dell'angolo ottuso compare in altri quattro passi delle opere di Aristotele oltre a quello già menzionato. L'ipotesi dell'angolo acuto compare solo una volta in modo non esplicitamente trattato. Tutti i cinque passi in cui appare l'ipotesi dell'angolo ottuso menzionano l'ipotesi anti–euclidea generale:

"La somma degli angoli interni di un triangolo non è uguale a 2R".

A che punto si sia giunti nella ricerca delle conseguenze della ipotesi anti–euclidea ci viene rivelato dalla seguente affermazione di Aristotele nel *De Coelo*:

"Se è impossibile che il triangolo abbi angoli interni
con somma uguale a due retti (2R), allora il lato del
quadrato è commensurabile con la diagonale".

Ecco un potente e bellissimo teorema che non si trova né in Saccheri né in Lambert e neppure nei moderni creatori della geometria non–euclidea.

Non riuscendo a trovare tra le conseguenze dell'ipotesi anti–euclidea generale la conclusione assurda *le parallele si incontrano* i geometri greci probabilmente tentarono di ottenere dalla stessa ipotesi un'altra conclusione assurda:

"*La diagonale del quadrato è commensurabile con il lato del quadrato*".

Essi sapevano che da questo sarebbe scesa la contraddizione che un numero è pari e dispari contemporaneamente. Disgraziatamente per dedurre la conclusione impossibile *il dispari è pari* è necessario far ricorso alla proposizione euclidea "*la somma degli angoli interni di un triangolo è 2R*". Quindi la conclusione assurda il dispari è pari non si ha dalla sola ipotesi anti–euclidea.

In fig. 2 è riportata la rappresentazione del problema, dovuta al matematico Gersonide (XIV sec.).

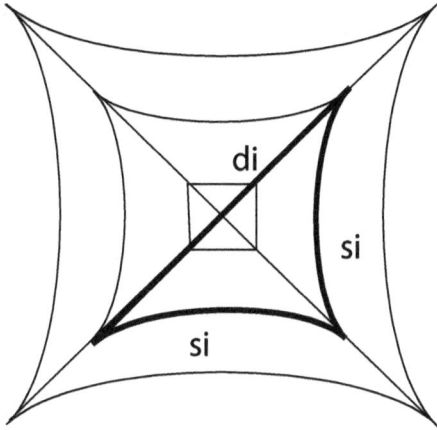

a) ipotesi dell'angolo acuto

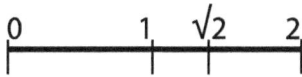

$$1 \leq di/si < \sqrt{2}$$

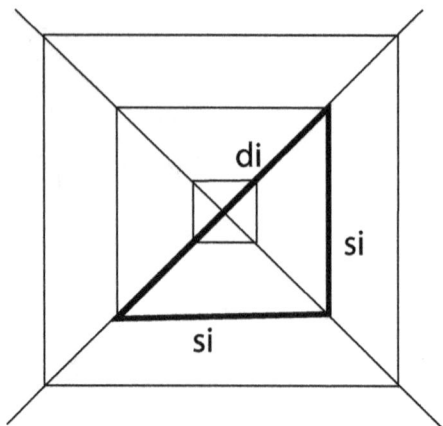

b) ipotesi dell'angolo retto
Geometria Euclidea

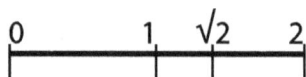

di/si = $\sqrt{2}$

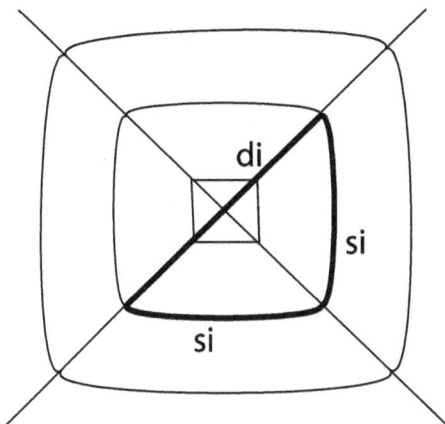

c) ipotesi dell'angolo ottuso

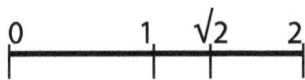

$$\sqrt{2} < \text{di/si} \leq 2$$

fig. 2

Tutti i lati e gli angoli dei singoli *quadrangoli di Gersonide* (fig. 2b) sono uguali.

Assumendo l'ipotesi dell'angolo acuto (fig. 2a), il rapporto della diagonale al lato (di/si) è uguale o maggiore di 1 e minore di $\sqrt{2}$. In questo caso il limite del quadrangolo, dove di/si diviene uguale a 1, è dato da due coppie di rette parallele (simili a una coppia di iperboli).

Assumendo l'ipotesi dell'angolo ottuso (fig. 2c), di/si è maggiore di $\sqrt{2}$ e minore o uguale a due. In questo caso il limite del quadrangolo, dove di/si diviene uguale a 2, è una paradossale *retta chiusa in se stessa* (come un cerchio).

Nella geometria euclidea si può dimostrare che entrambe le assunzioni conducono all'affermazione contraddittoria che uno stesso numero può essere simultaneamente pari e dispari: il che è impossibile.

Quale che fosse l'impressione che si ricavava da questa serie di controipotesi che non si potevano demolire in quanto non si riusciva a dedurre nessuna contraddizione intrinseca, malgrado il loro carattere ovviamente patologico, si può ricavare da alcuni passi delle opere di Aristotele *Magna Moralia* e *Ethica ad Eudemum*. In questi passi Aristotele avanza la concezione seguente: l'uomo, unico tra tutti gli esseri, è libero. Egli è libero di scegliere tra il bene e il male. Se il valore etico delle azioni cambia, questo non può che essere conseguenza di un mutamento nei principi; se il principio delle azioni rimane immutato, le azioni generate non possono avere valori etici opposti.

Nel dominio della geometria incontriamo la stessa situazione, in particolare la possibilità di scelta tra due principi opposti. Ciascuno dei sistemi generati da questi principi deve essere consistente; in nessuno dei due possono coesistere due proposizioni contraddittorie, poiché esse si distruggerebbero reciprocamente.

Da questi passi è chiaro che per Aristotele l'*essenza* delle proposizioni geometriche sta nel loro essere *euclidee* o *non–euclidee*. La *euclidicità* e la *non–euclidicità* dei principi sono proprietà invarianti e sono trasmesse come tali alle loro conseguenze. Come egli scrive nella *Ethica ad Eudemum*:

"Così se la somma degli angoli interni del triangolo è uguale a 2R, allora la somma degli angoli interni del quadrangolo è 4R; ma se il triangolo (cioè la sua essenza geometrica) cambia, allora anche il quadrangolo (cioè la sua essenza geometrica) deve cambiare. Per esempio se la somma degli angoli interni di un triangolo fosse 3R o 4R, la somma degli angoli interni del quadrangolo sarebbe 6R o 8R".

Questa affermazione di Aristotele si può oggi verificare nella geometria di B. Riemann (o ellittica) (Bernhard Riemann; Breselez, Germania, 1826 – Selasca, Italia, 1866) nella quale un triangolo con angoli interni di somma uguale a 3R si può rappresentare facilmente come faccia di un ottaedro sferico regolare (fig. 3a).

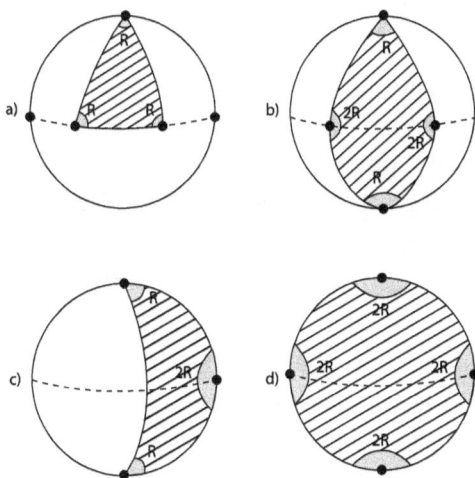

fig.3

La somma degli angoli del quadrangolo ottenuto da due triangoli del genere è 6R (fig. 3b). Sullo stesso modello sferico si può duplicare un triangolo con angoli interni di somma uguale a 4R (fig. 3c) in modo da ottenere un quadrangolo la somma dei cui angoli interni è 8R (fig. 3d). Quest'ultimo quadrangolo si può considerare come un quadrato che degenera in una singola retta chiusa in se stessa: un cerchio massimo sulla sfera ciascun angolo del quale è uguale a 2R.

Inversamente, come Aristotele scrive nei *Magna Moralia*: *"Se la somma degli angoli interni del quadrangolo non è uguale a 4R, allora neanche la somma degli angoli interni del triangolo sarà uguale a 2R"*.

Nel passo sopra citato dell'*Ethica ad Eudemum* appare la strana immagine di un quadrangolo la somma dei cui angoli interni raggiunge il massimo valore possibile di otto angoli retti. La esistenza di una simile figura discende dalla ipotesi dell'angolo ottuso. Oggi sappiamo che la sfera ordinaria fornisce un modello per questa geometria e la geometria di B. Riemann ce ne dà conferma. Non c'è però alcuna ragione di supporre che i geometri greci abbiano raggiunto queste conseguenze dall'ipotesi dell'angolo ottuso studiando il modello sferico. La geometria della sfera si sviluppò molto più tardi e l'idea di considerare un cerchio massimo come una linea retta era estranea allo spirito della geometria ellenica. In ogni modo, il livello estremamente elevato raggiunto nella tecnica delle dimostrazioni puramente sintetiche permette di spiegare questi risultati senza far ricorso al modello sferico. In ogni caso, i geometri greci andarono abbastanza avanti nella ricerca delle conseguenze dell'angolo ottuso. Infatti, considerando la proposizione sulla somma degli angoli interni del triangolo come principio, cioè come l'essenza stessa del triangolo, Aristotele ammette la possibilità di due opposti principi. In un altro passo ancora, egli dice che:

"L'essenza del triangolo è la somma dei suoi angoli interni che può essere uguale, maggiore o minore di due retti".

Questo è l'unico passo in cui viene esplicitamente menzionata l'ipotesi dell'angolo acuto ed è giusto sottolineare la notevole imparzialità mostrata da Aristotele nei confronti delle tre ipotesi saccheriane. La proposizione euclidea viene considerata ipotetica come le altre due e tutte e tre sono presentate come egualmente possibili.

Ma la libera scelta è possibile nella matematica come nell'etica?

Nel suo accurato paragone fra etica e geometria, Aristotele sottolinea esplicitamente l'esistenza della libera scelta solo per l'etica. Per la geometria, la possibilità della libera scelta è suggerita dal modo stesso in cui viene presentata la questione.

Comunque stanno le cose, è notevole la serenità con cui egli presenta la possibilità di una metamorfosi del triangolo, tenuto conto del fatto che il teorema euclideo sulla somma degli angoli interni viene frequentemente citato come un esempio di verità esterna immutabile.

Questa situazione confusa si riflette in un'osservazione che Aristotele fa a proposito del parallelo tra etica e geometria. *"Di queste cose*, egli scrive, *al momento presente non si può parlare con precisione, ma neppure è lecito passarle sotto silenzio".*

Ma, ammesso che in geometria esista, come sarebbe possibile esprimere una simile libera scelta? È possibile accettare che il concetto astratto, indeterminato di *triangolo*, ammetta simultaneamente i due predicati la somma degli angoli interni è uguale a 2R e la somma degli angoli interni non è uguale a 2R? L'idea, entro certi limiti, viene scartata da Aristotele nella Methaphysica, ove afferma:

"Se dovessimo accettare la opinione per cui il triangolo ha essenza immutabile, non potremmo ammettere che a volte la somma degli angoli interni sia uguale a 2R e a volte diversa da 2R".

Saccheri parla della ipotesi *nemica dell'angolo acuto* come se si trattasse di un nemico personale, egli è certo della vittoria ma si rende conto che essa verrà solo dopo una lotta *lunga e disperata*; Aristotele invece dà l'impressione di assistere ad una contesa tra due ipotesi rivali. Egli mostra l'assoluta imparzialità di un arbitro che sa che entrambi i contendenti hanno il diritto di vincere.

Nella *Ethica Nicomachea* si legge che questa controversia speculativa (la somma degli angoli interni di un triangolo è o non è uguale a 2R) *"non può essere turbata o eliminata da cause emozionali, da preferenze o antipatie, come spesso accade e si verifica nelle controversie etiche"*. Anche se entrambe le possibilità hanno uguali diritti, la decisione non dipende da noi; questa lotta è completamente diversa da altre battaglie e competizioni. Come egli scrive nei *Problemata*:

"Se ricordiamo, per esempio, la battaglia di Salamina, ci sentiamo felici di aver vinto. Siamo contenti anche quando ricordiamo o speriamo di riuscire vincitori nei giochi olimpici. Ma non ci dà particolare piacere il contemplare il fatto che il triangolo ha angoli interni la cui somma è uguale a 2R, così come non ci dà particolare piacere lo

sperarlo. Se amiamo sinceramente la speculazione ci dà piacere il fatto che la somma degli angoli sia uguale a 2R o, per esempio, a 3R ancora più grande".

Si segue una battaglia o un incontro di lotta libera con passione dichiarata e con parzialità, ma nello scontro tra due opposti enunciati geometrici (siano anche principi) è la mente umana che è in gioco nel suo doppio ruolo di attrice e di spettatrice. Qui nel dominio del pensiero, continua Aristotele nei *Problemata*, *"le cose si verificano secondo la loro natura; in questo campo solo la contemplazione del reale stato di cose dà piacere"*.

Com'era possibile risolvere la questione?

Non con dimostrazioni ordinarie pensava Aristotele. La proposizione euclidea *la somma degli angoli interni di un triangolo è uguale a due retti* esprime l'essenza stessa del triangolo ed è indimostrabile. L'argomentazione ordinaria che viene considerata una dimostrazione non è che una quasi – dimostrazione. L'enunciato è come un principio e la verità di una simile proposizione non può essere determinata con una dimostrazione. Come nell'etica è il senso etico che decide cosa è giusto e cosa è ingiusto, così nella geometria la scelta dei principi è compiuta soltanto dall'intuizione intellettuale. È molto probabile che questa concezione fosse una giustificazione teorica del punto morto a cui erano giunti i tentativi di dimostrare questa proposizione fondamentale della geometria euclidea come teorema di quella assoluta. In ogni caso, l'idea che la geometria *sia in cerca di un principio* (un nuovo postulato) negli scritti di Aristotele è già presente. La saturazione si verifica nella generazione successiva e l'idea precipita nel quinto postulato delle parallele.

La comparsa della geometria euclidea vera e propria fu preceduta quindi da un periodo simile a quello che precedette la geometria non–euclidea all'inizio del XIX secolo.

La scelta finale della variante euclidea senza dubbio fu determinata dal fatto che l'ipotesi anti–euclidea non è conforme alle figure geometriche quali compaiono nei disegni fatti correttamente.

"*Se questa è la linea retta*, disse Aristotele nella *Physica*, mostrando, molto verosimilmente, una retta tracciata con una riga, *allora necessariamente la somma degli angoli del triangolo è uguale a 2R; per converso, se la somma non è uguale a 2R, allora neanche il triangolo è rettilineo*".

Questa filosofia empirista si accorda nondimeno egregiamente con la concezione etica di Aristotele secondo la quale tutto quello che è in accordo con la natura è bene, e tutto quello che vi si oppone è male. "*Una proposizione si può dire non geometrica*, afferma Aristotele, *se non contiene niente di geometrico, o se contiene elementi geometrici in modo erroneo e distorto come per esempio la proposizione "le parallele si incontrano"*". Una simile geometria è *non geometria* poiché è *erronea e degenere*.

È notevole che Aristotele non dica mai che le proposizioni anti–euclidee sono false.

La proposizione *le parallele si incontrano*, per esempio, è assurda, ciononostante è corretta, poiché non è frutto di errore logico. (Tant'è vero che un teorema della geometria di B. Riemann dice: "*le parallele non esistono; tutte le rette complanari s'incontrano*").

La libera scelta fra queste due geometrie appare ad Aristotele come un dilemma etico: si può scegliere la geometria buona (quella in accordo con la natura) come quella cattiva (contro natura).

Resta comunque il fatto che già prima di Euclide, e cioè in Aristotele e nei matematici a lui contemporanei, molto verosimilmente in contatto o all'interno dell'*Accademia*, si profila uno strano capolavoro: figure che hanno a che fare con una geometria opposta a quella che più tardi fu edificata da Euclide.

Appendici al capitolo v

Appendice v/1

Gersonide (Rabbi Levi ben Gershom; 1288 – 1344) appartiene al giudaismo meridionale francese della fine del XII s. e dell'inizio del XIV s.. Spirito universale è stato matematico, astronomo, medico, esegeta e biblico, padre di un sistema filosofico e teologico che ha segnato il pensiero ebreo nei secoli seguenti. Importante, pur se trascurato, il suo contributo all'astronomia. Egli è l'autore di tavole astronomiche eseguite dopo attente osservazioni a partire dal 1320.

Appendice v/2

Tolomeo (Claudio Tolomeo; 100 – 175) fu astronomo e geografo. È considerato uno dei padri della geografia. Fu autore di importanti opere scientifiche tra le quali il trattato astronomico noto con il nome di *Almagesto*. In questo lavoro, una delle opere scientifiche più influenti dell'antichità, Tolomeo raccolse la conoscenza astronomica del mondo greco basandosi soprattutto sul lavoro svolto tre secoli prima da Ipparco. Tolomeo formulò un *modello geocentrico*, in cui solo il Sole e la Luna, considerati pianeti, avevano il proprio epiciclo, ossia la circonferenza sulla quale si muovevano, centrata direttamente sulla Terra. Questo modello del sistema solare, che da lui prenderà il nome di *sistema tolemaico*, rimase di riferimento per tutto il mondo occidentale e arabo fino a quando non fu sostituito dal modello di *sistema solare eliocentrico* dell'astronomo polacco Copernico (Niccolò Copernico; 1473 – 1543).

Appendice v/3

A Lambert è attribuita la prima dimostrazione dell' irrazionalità di pi–greco (1768).

vi. La geometria durante il Medio Evo. Il problema filosofico della scienza

Mentre la tradizione della scienza greca andava sempre
più affievolendosi in Europa, un altro popolo, portatore di
uno spirito nuovo, veniva a raccoglierla e a propagarla, po-
nendosi intermediario fra la cultura classica e il mondo moderno. Nel campo matematico gli arabi non si limitarono a
tradurre e commentare i lavori dei grandi geometri, ma gli
elementi di queste dottrine li ravvicinarono e li composero
con altri *elementi* che provenivano dall'aritmetica degli india-
ni, costituendo così una nuova disciplina che da loro ebbe
il nome di Algebra. Per ciò che si riferisce strettamente alla
geometria, intorno al 900, Euclide era studiato e criticato
con acume e originalità, così come appare dai commenti di
Tabit–Ibn–Korra e di Al–Niziri. La critica continuò a lungo nelle scuole arabe, tanto che, nel XIII secolo, il persia-
no Nasìr–Ed–dìn analizza i fondamenti della teoria delle
parallele con vedute che hanno più tardi influito sull'opera
del matematico inglese John Wallis, e che perciò hanno un
posto di rilievo nella storia della geometria non–euclidea.
(v. App. vi/1).
Anche la teoria delle coniche, sviluppata da Apollonio,
richiama l'attenzione dei geometri arabi, ed è soprattutto
importante la costruzione che per mezzo di tali curve viene data alle equazioni cubiche da Omar Khayyam (1048 –
1131) (v. App. vi/2).
Come sopra accennato, gli arabi assimilano insieme la matematica greca e il calcolo cosiddetto indiano. L'elaborazione

dei due motivi teorico e pratico che si collegano a queste due sorgenti dà luogo a una fusione che prepara direttamente lo spirito della matematica moderna. Del resto, quale sia in questo sviluppo l'apporto originale del popolo arabo è una questione ancora controversa, ma gli stessi arabi, o almeno i maggiori tra loro, hanno saputo assai ben definire la parte che hanno svolto nella storia della cultura. Il grande Al–Biruni (973 – 1048), dopo aver mostrato quante condizioni siano necessarie alla ricerca scientifica: l'educazione, la conoscenza delle lingue, una lunga vita, i mezzi per viaggiare e per l'acquisto di libri e di strumenti, conclude, con un atteggiamento molto moderato:

"Tante e così diverse condizioni raramente si ritrovano in un solo individuo, e specie ai nostri tempi. Per cui è giusto che ci limitiamo al campo già trattato dagli antichi, cercando di perfezionare dove si può. La via di mezzo è in ogni cosa la più lodevole: e colui che tenta troppo va incontro alla rovina".

In realtà gli arabi hanno aperto nuovi campi alla ricerca, in Algebra, in Trigonometria, e in Aritmetica. Per lo sviluppo della scienza europea è essenziale l'apporto della cultura araba, e il ritrovamento attraverso questa delle fonti più antiche del pensiero greco.

***

Il risveglio degli studi matematici comincia con la grande figura di Leonardo Fibonacci (Pisa, 1170 – 1240) (v. App. vi/3), autore della *Pratica geometrica* (1220), il quale introdusse in Europa il sistema numerale indiano. Allo stesso secolo XIII appartiene Giordano Nemorario. Tra i suoi studi è di rilievo quello sull'*angolo di contingenza* fra il cerchio e la tangente, che è, secondo Euclide, minore di qualsiasi angolo rettilineo, cioè costituisce una grandezza infinitesima. La polemica sull'angolo di contingenza, (se sia o meno da ritenere nullo) si è prolungata fino a Newton. Essa è stata poi illuminata secondo un concetto superiore dai numeri *non–archimedei* (o *trasfiniti*) di Giuseppe Veronese (1854 – 1917).

Il ritorno ai classici antichi è contrassegnato dalle traduzioni commentate degli *Elementi* di Euclide, che si iniziarono con Campano di Novara alla fine del XIII secolo. Questa edizione venne pubblicata con un nuovo commento dall'editore Zamperti, in Venezia, nel 1516. Una edizione, come già visto nel Cap. ii, fu data alle stampe nel 1569, in italiano volgare, dal grande algebrista Niccolò Fontana detto il Tartaglia.

L'influenza dell'arte sul rinascimento matematico si manifesta in una maniera interessante nello sviluppo della *prospettiva*. Mentre l'*ottica* greca e araba contenevano soltanto regole pratiche per mettere in scorcio gli oggetti, la *nuova prospettiva* scopre, e negli ultimi lavori dimostra, le regole del *punto di fuga* e della *retta di fuga*, cioè che rette aventi una medesima direzione sono rappresentate sul quadro da rette concorrenti in un determinato punto (*di fuga*), e similmente la giacitura comune a un sistema di piani paralleli viene rappresentata da una retta (*retta di fuga*). Tale nozione acquista importanza per il progresso teorico della geometria, poiché ne scaturisce l'idea che le rette parallele abbiano in comune un *punto all'infinito*, e i piani paralleli una retta all'infinito.

Giovanni Keplero (1571 – 1630) giunge a questa idea guidato dai *principi di analogia* (continuità). L'idea è ripresa da Girard Desargues (1591 – 1669), iniziatore della *geometria proiettiva*, ripresa da Blaise Pascal (1623 – 1662) e, successivamente, sviluppata da Jean Victor Poncelet (1788 – 1867). Al lume delle vedute di continuità di Keplero e Desargues, le tre specie di sezioni piane del cono circolare (l'ellisse, l'iperbole e la parabola) vengono unificate in una sola specie. Keplero considera la parabola come un'ellisse che ha un *fuoco cieco all'infinito* e Desargues vede i due rami dell'iperbole ricongiungersi attraverso i due punti all'infinito.

La concezione unificata delle *coniche* come proiezione del cerchio, conduce Desargues stesso e Pascal alla scoperta di nuove e belle proprietà di queste linee.

***

Intanto, sul piano filosofico, la costruzione della *dinamica* di Galilei – Newton, che trova la sua più grandiosa e precisa applicazione nel sistema del mondo, sembra realizzare, sia pure in un campo limitato di fenomeni, l'ideale della scienza razionale e perciò ripropone in nuovo modo allo spirito del filosofo il problema del conoscere. Abbiamo avuto occasione di illustrare che questo problema sorse già presso i greci, allorché acquistarono consapevolezza che le sensazioni non offrono la copia esatta di una realtà oggettiva, ed espongono ad errori che il ragionamento e il confronto di diverse osservazioni o esperienze riesce a correggere. Di fronte alla critica delle sensazioni e alla constatazione dei loro difetti e delle loro inesattezze, sorge l'idea che il criterio della realtà debba essere cercato nel pensiero. Attraverso il dibattito con l'empirismo, maturava quindi il razionalismo greco, nella duplice forma di Parmenide e di Platone. Questo razionalismo si evolve in modi diversi nella storia della filosofia. La concezione più semplice e naturale che si affaccia alle menti è che le idee (a differenza delle sensazioni) rispondono senz'altro a qualcosa che esiste nel mondo obiettivo. Così il successo del ragionamento, e in particolare della deduzione matematica, riesce spiegato *a priori*: poiché il ragionare viene concepito come un vedere nella sua intima realtà il mondo degli oggetti riflesso dal pensiero. Ma tale concezione solleva gravi difficoltà allorché si cerca di approfondirne il significato. Anzitutto: il pensiero opera con idee generali o concetti che, rispetto alle cose sensibilmente date, appaiono come forme o schemi. La veduta platonica che tali idee rispondono a enti di un mondo intelligibile a cui la pluralità delle cose stesse sarebbe subordinata, cede di fronte alla critica psicologica dei *nominalisti* i quali riconoscono la formazione del concetto nella mente umana attraverso un processo di associazione e di astrazione a partire dai dati sensibili. Il razionalismo combattuto da tale critica reca con sé un altro presupposto: cioè che il rapporto di dipendenza logica tra i concetti rispecchi esattamente il rapporto di connessione che nella realtà concepiamo tra le cose e le loro proprietà come rapporto necessario di cause ed effetti. Questo tema viene sviluppato in una maniera altamente significativa dalla metafisica di Spinoza (Baruch (Benedetto) Spinoza; Amsterdam, 1632 – 1677). Ma contro la veduta sopra espressa si leva, a sua volta, la critica di D. Hume (David Hume; Edimburgo, 1711 – 1776), il quale dimostra che nella rappresentazione della realtà che ci viene fornita dalla coordinazione dei dati sensibili, non è dato né può essere dato alcun rapporto di successione necessaria, ma soltanto rapporti di successioni ripetute, che per abitudine assumiamo induttivamente come costanti.

Attraverso tappe successive quindi l'empirismo smantella, una dopo l'altra, tutte le posizioni fortificate del razionalismo.

Dopo la sconfitta delle tesi razionalistiche restava la pura tesi empirica: la conoscenza è semplicemente percettiva. Nondimeno, però, le sensazioni da sole ci danno un sapere frammentario e impreciso, da cui sarebbe inutile attendere il frutto che invece ricaviamo dal coordinamento razionale di esse o dalla riflessione. Se tutto il conoscere si riduce alla reazione del soggetto sensibile di fronte ai fenomeni, conviene pure ammettere che questa reazione non si esaurisce nel momento percettivo, ma si prolunga in operazioni per cui la realtà che cade sotto i sensi viene semplificata e idealizzata nel nostro pensiero.

Cosa è dunque questa facoltà di pensare e di ragionare? Come può essa avere un valore per la conoscenza della realtà?

***

Il problema così posto è stato lungamente meditato da Kant (Immanuel Kant; Königsberg, 1724 – 1804) e ha dato origine a una delle sue opere fondamentali della moderna filosofia: *Critica della ragion pura*. Educato alla filosofia razionalistica di Leibniz (cit.) e di Wolff (Christian Wolff; Breslavia 1679 – Halle sur Saale 1754), Kant credette dapprima di poter fondare non soltanto la scienza ma anche una metafisica in cui il pensiero si elevi con puri argomenti razionali al possesso di verità trascendentali, intorno a Dio e alla immortalità dell'anima. Però, intorno al 1770, il dubbio sulla validità di tali costruzioni lo assale sempre più forte. La lettura degli scritti di Hume lo scosse dal *sonno dogmatico* avviandolo verso una nuova via, che è la *critica* nel senso da lui stesso definito.

La difficoltà scorta da Hume, per Kant, non può risolversi in una pura risposta scettica perché non può negarsi alla mente umana una qualche capacità di arrivare a giudizi significativi, che hanno valore necessario ed universale e perciò non possono essere forniti dall'esperienza: sono i giudizi che Kant designa come *sintetici a priori*. E c'è almeno un campo dove essi si incontrano, cioè il campo della matematica. Hume non si sarebbe lasciato andare, secondo Kant, alla sua veduta scettica, che distrugge ogni sapere razionale, se avesse riflettuto su questo aspetto del problema, poiché *"in tal caso avrebbe visto che con i suoi argomenti, non esisterebbe più neppure la matematica pura, e il buon senso lo avrebbe allontanato dal concludere in tal modo"*.

Anche nella fisica Kant scorge giudizi sintetici *a priori*: *"Quando Galilei fece rotolare la sfera su di un piano inclinato, con un peso da lui stesso scelto, e Torricelli fece sopportare dall'aria un peso che egli stesso sapeva di già uguale a quello di una colonna d'acqua conosciuta, fu una rivelazione luminosa per gli investigatori della natura. Essi compresero che la ragione vede solo ciò che essa stessa produce secondo i propri disegni, e che, con principi dedotti dai suoi giudizi secondo leggi immutabili, deve essa entrare innanzi a costringere la natura a rispondere alle sue domande; e non lasciarsi guidare da lei, per così dire, con le redini; perché altrimenti le nostre osservazioni non metterebbero capo ad una legge necessaria, che la ragione cerca e di cui ha bisogno".*

Come il significato di ogni singola esperienza dipende dalle teorie o dai principi che essa presuppone, così il corso delle esperienze trae il suo valore dai presupposti generali, che debbono essere logicamente anteriori ad ogni esperienza, in quanto sono condizioni per cui l'esperienza stessa riesce possibile. Questi presupposti generali li riconosciamo anzitutto nei principi della geometria di Euclide, e poi in quegli altri principi che vengono postulati nell'esposizione della scienza del moto, secondo la sistemazione data da Newton. Insomma per Kant tutti i giudizi *a priori*, cioè necessari ed universali, che formuliamo precorrendo ogni esperienza, valgono come canoni di interpretazione dell'esistenza stessa e vengono giustificati dal fatto che l'esperienza è possibile. C'è qui un punto caratteristico della dottrina kantiana. Il mondo dei fenomeni, egli dice, non può essere rappresentato e compreso dalla mente se non lo si subordini a certe condizioni che esprimono le leggi stesse dell'attività mentale; la quale, qualora non si piegasse alle dette condizioni, resterebbe del tutto inintelligibile, qualcosa in cui le combinazioni dei dati sensibili non assumono mai il valore di esperienze (razionalmente interpretabili), ovvero realtà intelligibili, per cui le condizioni di razionalità imposte dalla mente vengono soddisfatte in guisa che diventi possibile la scienza. Ma questa scienza razionale esiste di fatto, poiché tale è la geometria di Euclide e la dinamica di Newton: dunque c'è veramente un'esperienza interpretabile e debbono essere soddisfatte nella realtà le condizioni *a priori* imposte dalla ragione. Con questa critica Kant ritiene di aver fatto nel campo dei problemi della conoscenza una rivoluzione copernicana: come Copernico è riuscito nella più semplice descrizione dei moti planetari, abbandonando il punto di vista tolemaico della Terra ferma e immobile e facendo girare l'intero sistema attorno al Sole, così egli, Kant, crede di trionfare sulle difficoltà inerenti al vecchio razionalismo, rinunciando a cercare nel mondo esterno i principi necessari e universali di cui la mente avrebbe una miracolosa conoscenza innata, e facendo girare il mondo dei fenomeni attorno al soggetto alle cui esigenze *a priori* deve subordinarsi per essere compreso dalla mente così come essa è costituita.

Si sono riassunte e cercato di chiarire le vedute di Kant intorno al problema della scienza, c'è però da fare osservare il fatto importante che egli, in tutta la sua opera, si mette, con la sua filosofia, contro di essa. Egli dichiara esplicitamente nell'introduzione alla seconda edizione della grande *Critica*: *"Io dovevo abbassare la scienza per far posto alla fede"*.

La scienza, o piuttosto la ragione costruttiva di essa, viene abbassata da Kant in quanto egli riconosce che il suo potere non va oltre i principi *a priori* che sono presupposti nell'uso dell'esperienza. La scienza, per Kant, non ha titolo per giudicare problemi o stabilire principi come quelli di Dio e dell'Anima, che rivelano invece tutto il loro significato nell'attività pratica dell'uomo. Così la *Critica alla ragion pratica* potrà fondare codesti principi sulla fede che è presupposto dell'azione, e specialmente dell'azione morale, conforme alla rigida legge del dovere.

Appendici al capitolo vi

Appendice vi/1

Gli arabi, successori dei greci nel primato delle matematiche, si occuparono anch'essi del V postulato di Euclide. Al–Nirizi (IX sec.) commentò le definizioni, gli assiomi e i postulati degli *Elementi*, e diede una dimostrazione del V molto simile a quella di Aganis. Nasìr–Ed–dìn, benché anch'egli dimostri il V postulato seguendo il criterio di Aganis, merita di essere ricordato, per la veduta originale di premettere esplicitamente il teorema sulla somma degli angoli di un triangolo, e per la forma esauriente del suo ragionamento. Egli ammette l'ipotesi. *"Se due rette r ed s sono la prima perpendicolare, l'altra obliqua al segmento AB, i segmenti di perpendicolare calati da s su r sono minori di AB dalla banda in cui AB forma con s angolo acuto, maggiori di AB dalla banda in cui AB forma con s angolo ottuso"*. Da ciò segue immediatamente che se due segmenti uguali AB, A'B' cadono da una stessa banda e perpendicolarmente su la retta BB', anche la retta AA' sarà perpendicolare ai due segmenti dati. Inoltre si avrà AA' = BB'. Cioè la figura AA'B'B è un quadrilatero con gli angoli retti e i lati opposti uguali, cioè un rettangolo. Da questo risultato Nasìr–Ed–dìn ricava facilmente che la somma degli angoli di un triangolo è uguale a due angoli retti. Per il triangolo rettangolo la cosa è manifesta, essendo esso metà di un rettangolo; per il triangolo qualunque si ottiene lo scopo mediante la decomposizione del triangolo in due triangoli rettangoli. Ciò posto ecco rapidamente come il geometra arabo dimostra il postulato euclideo.

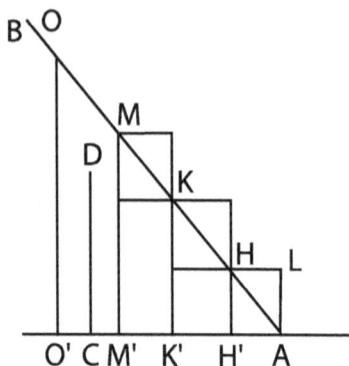

Siano AB, CD due raggi, l'uno obliquo l'altro perpendicolare alla retta AC. Su AB si fissi il segmento AH e da H si cali la perpendicolare HH' su AC. Se il punto H' cade in C, ovvero da banda opposta di A rispetto a C, i due raggi AB, CD s'incontrano senz'altro. Se poi H' cade fra A e C si tracci il segmento AL, perpendicolare ad AC ed uguale ad HH'. Allora, per quanto sopra si disse sarà : HL = AH'. Consecutivamente ad AH si prenda HK uguale ad AH e da K si cali la perpendicolare KK' su AC. Essendo KK' > HH', si formi K'L' = H'H e si congiunga H con L'.

Essendo i due quadrilateri K'H'HL', H'ALH entrambi rettangoli i tre punti L', H, L sono in linea retta. Segue: L'K = AL e conseguentemente l'uguaglianza dei due triangoli AHL, HL'K. Quindi: L'H = HL, e per le proprietà dei rettangoli : K'H' = H'A. Prendasi ora KM uguale e consecutivo ad HK e da M si cali MM' perpendicolare ad AC. Con un ragionamento uguale a quello ora svolto si dimostra:

M'K' = K'H' = H'A.

Ottenuto questo primo risultato si prenda un multiplo di AH' maggiore di AC (postulato di Archimede). Sia, ad esempio, AO' = 4. AH' > AC. Allora su AB si costruisca AO = 4. AH e da O si cali la perpendicolare ad AC. Questa perpendicolare sarà evidentemente OO'. Allora nel triangolo rettangolo AO'O la retta CD, perpendicolare al cateto O'A, non potendo incontrare l'altro cateto OO', incontrerà necessariamente l'ipotenusa OA. Con ciò rimane dimostrato che due rette AB, CD, l'una perpendicolare e l'altra obliqua alla trasversale AC, si incontrano.

In altre parole si è dimostrato il postulato euclideo nel caso in cui uno degli angoli interni sia retto. Facendo poi uso del teorema sulla somma degli angoli di un triangolo, Nasìr–Ed–dìn riconduce il caso generale a questo caso particolare.

Appendice vi/2

Non ricordare il giorno trascorso
e non perderti in lacrime sul domani che viene:
su passato e futuro non far fondamento
vivi dell'oggi e non perdere al vento la vita.
(un verso di Omar Khayyam)

Nonostante le difficoltà del tempo Omar Khayyam riesce a scrivere vari libri di aritmetica, algebra, musica e poesia prima dei venticinque anni. Nel 1070 si trasferisce a Samarcanda dove viene protetto dal giurista Abù Tàhir e riesce a scrivere il *Trattato sulla dimostrazione dei problemi di algebra*, il suo libro più importante.

Affronta anche le difficoltà poste dal V postulato di Euclide e dimostra, inconsapevolmente, alcune proprietà delle geometrie non–euclidee.

Appendice vi/3

Il matematico pisano Leonardo Fibonacci è ricordato soprattutto per la sua sequenza (successione) divenuta celeberrima. L'uso della sequenza di Fibonacci risale all'anno 1202. Essa si compone di una serie di numeri nella quale ognuno di essi è la somma dei due numeri precedenti (0, 1, 1, 2, 3, 5, 8, 13, 21...), che sembra sia presente in molteplici fenomeni che avvengono in natura. Nella seconda metà del diciannovesimo secolo, un matematico francese di nome Edouard Lucas riprese lo studio di tale sequenza prendendo come valori di partenza 1 e 2. Questa versione dei numeri fu conosciuta come la sequenza di Lucas. Fu Lucas a rendere noti al mondo i numeri di Fibonacci. Keplero notò che facendo il rapporto fra due numeri di Fibonacci consecutivi, esso si avvicina sempre più a 1,61803..., valore noto con il nome di *rapporto aureo*.

La *sezione aurea* è una proporzione matematica famosa che ha suscitato curiosità e interesse in tanti illustri matematici.

Su di essa sono stati scritti numerosi trattati. Tuttora si tenta di svelare pienamente il suo mistero.

vii. La geometria non–euclidea: una rivoluzione intellettuale del XIX secolo

Gli sforzi di duemila anni per cambiare lo stato della famosa asserzione sulle parallele di Euclide da postulato a teorema si risolsero in un fallimento riguardo a quell'obiettivo, ma furono, sotto un altro aspetto, di grande successo. Essi servirono a cambiare l'orientamento del pensiero umano riguardo alla natura della geometria e furono la necessaria preparazione per un ambiente culturale che mettesse in grado i suoi beneficiari di completare un'opera di un'importanza ben più notevole.

Forse il primo che ebbe un chiaro concetto di una geometria diversa da quella di Euclide, una geometria cioè nella quale il V postulato viene proprio negato, fu C. F. Gauss (Carl Friedrich Gauss; Braunschweig 1777 – Gottinga 1855) il più grande matematico del secolo XIX se non di tutti i tempi.

Carl Friedrich Gauss

Non ancora ventenne Gauss incominciò i suoi studi sulla teoria delle parallele. Egli subito capì la profonda natura delle difficoltà che gli impedivano di arrivare alla dimostrazione del quinto postulato, e dopo notevole riflessione formulò una nuova geometria che chiamò non–euclidea, e iniziò il suo sviluppo. In una lettera a un suo amico F. A. Taurinus (Franz Adolph Taurinus, König Odenwald 1794 – Colonia 1874), del 1824, egli dichiara:

"L'affermazione della somma degli angoli (di un triangolo) sia minore di 2R porta ad una curiosa geometria del tutto differente dalla nostra (l'euclidea) ma perfettamente consistente, che io ho sviluppato con completa soddisfazione. I teoremi di questa geometria appaiono paradossali, assurdi, ma una calma, ferma riflessione, rivela che essi non contengano niente di impossibile".

Ma Gauss non pubblicò mai nessuna delle sue scoperte in questo campo. Nelle lettere a Taurinus egli ammoniva l'amico a considerarle come comunicazioni private delle quali non si doveva fare pubblico uso, e lo pregava di non divulgarle in alcun modo. Solo nel 1831 Gauss scrisse una breve trattazione della sua nuova geometria che fu ritrovata fra le sue carte dopo la sua morte. Forse, oggi, non siamo in grado di valutare o capire le difficoltà che avrebbero assalito persino un uomo della statura di Gauss se egli avesse pubblicato la sua geometria quando la formulò per la prima volta. Ma sta di fatto che il tradizionalismo e l'autoritarismo che tenevano in schiavitù tutto il libero pensiero durante il Medio Evo non erano stati affatto interamente sconfitti e un'immensa autorità esercitavano le idee del filosofo tedesco I. Kant.

***

Per Kant, come per Platone, le proposizioni geometriche erano visioni di una realtà metafisica, e il fatto che ci fosse una geometria non era cosa da mettere neppure in discussione. L'idea di poter pensare a una geometria non–euclidea non era neanche da sfiorare. Nella *Critica alla ragion pura*, Kant scrive: "*Lo spazio non è un concetto empirico, ricavato da esterne esperienze... la rappresentazione dello spazio non può essere nata per esperienza da rapporti del fenomeno esteriore; anzi l'esperienza esterna è essa stessa possibile, prima di tutto, per quella rappresentazione necessaria "a priori", la quale serve di fondamento a tutte le intuizioni esterne, non determinazione dipendente da essi. Su questa necessità "a priori" si fonda la certezza apodittica di tutti i principi della geometria e la possibilità della loro costruzione "a priori". Se... questa rappresentazione dello spazio fosse un concetto raggiunto a posteriori, risultante della generale esperienza esterna, i primi principi della matematica avrebbero l'accidentalità della cezione, e non sarebbe perciò necessario che fra due punti ci sia solo una linea retta, ma dovrebbe insegnarcelo ogni volta di nuovo l'esperienza*".

Come si vede la via attraverso cui Kant cerca di dedurre la sua teoria dello spazio dalla matematica è grosso modo la seguente. Partendo dalla domanda: come è possibile la matematica pura?, Kant nota in primo luogo che tutte le proposizioni matematiche sono sintetiche. Ne fa conseguire quindi che queste proposizioni non possono venir provate per mezzo di un calcolo logico, al contrario esse richiedono, egli dice, certe proposizioni sintetiche *a priori*, che si possono chiamare assiomi. Insomma per Kant lo spazio "*non è altro che la forma di tutti i fenomeni del senso esterno, cioè la condizione soggettiva della sensibilità, per cui soltanto ci è resa possibile l'esperienza esterna... non rappresenta nessuna delle cose in sé, né le cose nella loro scambievole reazione*". L'idealismo kantiano implica quindi il carattere assoluto *a priori* delle proposizioni geometriche, e, come ogni apriorismo, ha per conseguenza l'immobilità, la negazione della conoscenza come processo costruttivo. La geometria è quella che è; essa, per Kant, è scienza di uno spazio che è condizione soggettiva della sensibilità. La cosa si può, in un certo senso, invertire: la concezione dello spazio come *forma di tutti i fenomeni del senso esterno* precedente e condizionante ogni esperienza possibile, si basa a sua volta sulla tradizionale credenza nella *certezza* nei principi della geometria.

Per dimostrare l'esistenza di giudizi necessari e universali nel più rigoroso significato e quindi puri *a priori*, Kant ricorre appunto alle proposizioni matematiche. Si può perciò dire che Kant, nell'estetica trascendentale, teorizzi, dia forma speculativa e veste di verità filosofica nient'altro che al pregiudizio tradizionale e alla credenza nell'assolutezza della geometria euclidea. Così, sebbene Platone avesse detto semplicemente che "*Dio organizza il mondo geometricamente*", Kant asserisce in effetti che "*Dio organizza il mondo geometricamente in accordo con gli Elementi di Euclide*". Si tratta cioè, ancora una volta, di quei pregiudizi a favore della posizione da tutti accettata che spinsero a conclusioni affrettate l'acuta mente logica di Saccheri e il genio matematico di Legendre (Adrien–Marie Legendre; Tolosa 1752 – Parigi 1833) (v. App. vii/1).

Kant non ammette che si possa ottenere una conoscenza del mondo esterno altrimenti che dall'esperienza, ne conclude pertanto che le proposizioni matematiche trattano qualcosa di soggettivo, cui dava il nome di forme dell'intuizione. Di queste forme ne esistono due: lo spazio e il tempo. Lo spazio è la fonte della geometria, il tempo dell'aritmetica. Poiché è soltanto entro le forme del tempo e dello spazio che gli oggetti possono venir appresi empiricamente da un soggetto, la matematica pura deve risultare applicabile ad ogni esperienza. L'essenziale, dal punto di vista logico, è che le intuizioni *a priori* danno origine a metodi di ragionamento e di inferenza (passaggio logico deduttivo per cui si dimostra il conseguire di una verità da un'altra) che la logica formale non ammette. Questi metodi, egli dice, fanno della figura (che naturalmente può essere soltanto immaginata) il punto essenziale per tutte le dimostrazioni geometriche. L'opinione che il tempo e lo spazio siano soggettivi è rafforzata dalle *antinomie*, con le quali Kant si sforza di provare che, se essi fossero qualcosa di più che forma dell'esperienza, dovrebbero essere assolutamente auto–contraddittori.

Due sono quindi le questioni di capitale importanza per i matematici, nella teoria kantiana dello spazio, e precisamente:

1) Esiste una differenza, quale che sia, fra i ragionamenti della matematica e quelli della logica formale?

2) Esistono contraddizioni, quali che siano, nelle nozioni del tempo e dello spazio?

"Se si potessero abbattere questi due pilastri dell'edificio kantiano, avremo rappresentato con successo la parte di Sansone nei confronti dei seguaci di Kant" (B. Russell), (Bertrand Arthur Russell; Trellech 1872 – Peurhyndendraeth 1970) (v. App. vii/2).

***

Gauss si ritirò dalla controversia nella quale la pubblicazione della sua nuova geometria lo avrebbe coinvolto, forse anche perché certo che i suoi risultati non sarebbero periti con lui. Infatti egli ebbe modo di leggere un'appendice che il giovane Janòs Bòlyai (Cluj–Napoca 1802 – Targu Mures 1860) scrisse su un trattato di geometria del padre Farkas Bòlyai (1775 – 1856), amico di giovinezza di Gauss, nella quale diede una relazione che egli aveva iniziato dieci anni prima, e della quale Gauss ebbe a dire, scrivendo a Bòlyai padre: *"L'intero contenuto dell'opera, la via che tuo figlio ha seguito, i risultati a cui è giunto, coincidono quasi esattamente con le osservazioni che hanno occupato la mia mente per 30–35 anni".*

Janòs Bòlyai

Farkas Bòlyai s'impegnò intensamente per dimostrare il V postulato di Euclide. *"È incomprensibile che sia stata tollerata questa invincibile oscurità, questa perpetua eclisse solare, questa macchia sulla geometria, questa nube eterna sulla verginale verità"*, fu il suo disperato sospiro vedendo che tutti i suoi tentativi erano vani. Gauss stesso in una sua lettera al geometra ungherese sottolineò un errore che annullava una delle sue dimostrazioni. Ma la disperazione di F. Bòlyai si spiega molto bene se ci si rende conto che per lui, come per Platone, le proposizioni della matematica erano verità metafisiche. Per tale motivo egli si turbava molto di un fatto che reputava come una macchia sulla geometria. Egli ha successivamente abbandonata la speranza di risolvere il problema, e ammonisce così il figlio Janòs: *"Tu non puoi mettere alla prova le parallele su quella via; io conosco questa via fino in fondo, anch'io ho misurato in lungo e in largo questa notte immensa: ogni luce, ogni gioia della mia vita si sono spente in essa, io ti scongiuro, in nome di Dio, lascia in pace la teoria delle parallele... Io ho compiuto lavori spaventosi, giganteschi, ho fatto di gran lunga meglio di quanto fino ad oggi fosse stato fatto, ma non ho mai trovato un completo appagamento... Sono ritornato indietro sconsolato, quando ho visto che partendo dalla Terra non è possibile toccare il fondo di questa oscurità, compiangendo me stesso e tutta l'umanità"*.

Ma il più grande contributo di F. Bòlyai alla matematica fu proprio suo figlio Janòs Bòlyai. Egli, infatti, gettò al vento l'ammonimento del suo deluso padre: non smise di occuparsi del problema delle parallele, e gli riuscì di introdurre un mutamento del tutto inaspettato nell'impostazione del problema. Usando la forma di W. Playfair (William Playfair; Benvie 1750 – Burntisland 1823) *"Per un punto si può condurre una sola parallela alla retta data*", J. Bòlyai ricercò le conseguenze della sua negazione assumendo che: o non esisteva nessuna parallela o ne esisteva più di una. La prima alternativa fu facilmente rimossa (proprio come era stato fatto per l'ipotesi degli angoli ottusi di Saccheri), mentre la seconda alternativa portò all'interessante nuova geometria: la geometria degli angoli acuti di Saccheri. Ma i punti di vista di Bòlyai e del prete italiano erano del tutto differenti. Saccheri credeva che una contraddizione evidente sarebbe stata trovata se la sua ricerca sull'ipotesi degli angoli acuti fosse stata portata avanti abbastanza, Bòlyai, invece, era convinto che nello sviluppo della affermazione di più di una parallela avrebbe trovato un nuovo tipo di geometria.

L'accoglienza di Gauss all'appendice fu molto deludente per il giovane. Sebbene Gauss scrisse a un altro amico C. L. Gerling (Christian Ludwig Gerling; Hamburg 1788 – Marburg 1864) "*Io considero il giovane matematico Bòlyai un genio di prima classe*", (un grande elogio per chiunque provenendo da Gauss) Bòlyai non fu affatto contento di leggere il contenuto della lettera, prima riportata, che Gauss scrisse a suo padre. "*Così Gauss ha fatto tutto ciò trent'anni fa*" forse osservò tristemente J. Bòlyai. Né fu questa la fine delle disillusioni di Bòlyai. Infatti nel 1848 egli apprese che un professore dell'Università di Kazan, N.I. Lobaçevskij (1793 – 1856) (v. Cap. viii), aveva anch'egli scoperto la nuova geometria e aveva persino ottenuto la *priorità* pubblicando i suoi risultati nel 1829.

Così, quando l'atmosfera culturale era matura per ciò, tre uomini, Gauss, Bòlyai, Lobaçevskij (un tedesco, un ungherese, un russo) sorsero in parti vastamente separate della cultura e, lavorando separatamente uno dall'altro, crearono una nuova geometria.

Sarebbe difficile esagerare l'importanza del loro lavoro. Essi ruppero le catene della schiavitù euclidea, e la loro opera e stata ritenuta *"principale fra gli elementi emancipatori dell'intelletto umano"* e *"la più suggestiva e notevole conquista dell'ultimo secolo"* (D. Hilbert) (v. App. vii/3).

Una significativa pietra miliare nel progresso intellettuale del genere umano era stata sorpassata.

Appendici al capitolo vii

Appendice vii/1

A. M. Legendre, matematico francese, (Tolosa 1752 – Parigi 1833), fu professore alla Scuola militare di Parigi (1775 – 80), poi alla Scuola normale e a quella politecnica; succedette a Lagrange al *Bureau des Longitudes* (1812). Accademico dal 1783, scrisse un ampio trattato dedicato esclusivamente alla teoria dei numeri: *Essai sur la théorie des nombres* (1798), che rimane tuttora un testo classico nel suo campo. La maggior parte delle sue ricerche fu rivolta alla teoria degli integrali ellittici, di cui diede una completa classificazione nel suo libro *Traité des fonctions elliptiques et des intégrales eulériennes* (1817–32), riconducendoli tutti a tre forme canoniche, dette di Legendre, e dando per essi delle tavole numeriche ancor oggi in uso. Le sue ricerche in questo settore furono successivamente estese e completate da Abel e Jacobi. I suoi studi di geodesia lo portarono alla formulazione del teorema sul *triangolo sferico* (detto di Legendre) e al metodo dei *minimi quadrati* (1806) a cui pervenne indipendentemente da Gauss e per il quale entrò con questi in aspra polemica sulla *priorità* della scoperta. Grandissima rinomanza ebbe anche il suo *Élements de géométrie* (1794), che divenne uno dei testi più diffusi in Francia e all'estero.

Appendice vii/2

Bertrand Russell è uno dei pensatori più significativi del novecento. Si è occupato di filosofia, in contrasto con le vedute assolutistiche di Kant, e di scienza. Ha pubblicato numerosi saggi e trattati, tra cui *I principi della matematica* (*Longanesi, 1951, trad. di L. Geymonat*). Di lui sono famosi alcuni paradossi, uno dei quali è stato chiamato paradosso di Russell. Si tratta più propriamente di un'antinomia che di un paradosso: un paradosso è una conclusione logica e non contraddittoria che si scontra con il nostro modo abituale di vedere le cose, mentre un'antinomia è una proposizione che risulta auto–contraddittoria sia nel caso che sia vera, sia nel caso che sia falsa. Il *paradosso di Russell* si può enunciare così: l'insieme di tutti gli insiemi che non appartengono a se stessi appartiene a se stesso se e solo se non appartiene a se stesso.

Paradosso del barbiere: In un villaggio vi è un solo barbiere, un uomo ben sbarbato, che rade esclusivamente tutti gli uomini del villaggio che non si radono da soli. Il barbiere rade se stesso?

Paradosso del bibliotecario: Esso può essere così raccontato. Al responsabile di una grande biblioteca viene affidato il compito di produrre gli opportuni cataloghi. Egli compie una prima catalogazione per titoli, poi per autori, poi per argomenti, poi per numero di pagine e così via. Poiché i cataloghi si moltiplicano, il bibliotecario provvede a stendere il catalogo di tutti i cataloghi. A questo punto nasce una constatazione. La maggior parte dei cataloghi non riportano se stessi, ma ve ne sono alcuni (quali il catalogo di tutti i volumi con meno di 5000 pagine, il catalogo di tutti i cataloghi, ecc.) che riportano se stessi. Per eccesso di zelo, lo scrupoloso bibliotecario decide, a questo punto, di costruire il *catalogo di tutti i cataloghi che non includono se stessi*. Il giorno seguente, dopo una notte insonne passata nel dubbio se tale nuovo catalogo dovesse o non dovesse includere se stesso, il nostro bibliotecario chiede di essere dispensato dall'incarico.

Appendice vii/3

David Hilbert (1862 – 1943). Nacque a Königsberg città natale di Immanuel Kant. Nel 1893 divenne professore di matematica. Nel 1895 si trasferì a Göttingen, che aveva già ospitato grandi matematici come Gauss, Dirichlet, Dedekind e Riemann, che egli elesse a suo modello. Hilbert dette nuovo impulso al principio di Riemann, secondo il quale *le dimostrazioni dovrebbero essere generate dal ragionamento e non dai calcoli*. In quel periodo si andava precisando l'esigenza di dare una fondazione autonoma alla matematica, ed egli fu considerato il padre del *formalismo*.

Nel suo *Fondamenti della geometria*, pubblicato nel 1899, i postulati non venivano più considerati come proposizioni vere perché evidenti: essi erano scelti invece con una certa libertà e dovevano servire a definire implicitamente i concetti primitivi della geometria. Ad esempio Euclide descrive il punto come *ciò che non ha parte*, invece per Hilbert la definizione degli enti fondamentali della geometria viene data *implicitamente* da un rigoroso sistema di assiomi.

Ecco l'inizio del suo libro:

"*Consideriamo tre diversi sistemi di oggetti: chiamiamo punti gli oggetti del primo sistema e li indichiamo con A,B,C...; chiamiamo rette gli oggetti del secondo sistema e li indichiamo con a,b,c...; chiamiamo piani gli oggetti del terzo sistema e li indichiamo con a, ß, γ...; i punti si chiamano anche gli elementi di geometria della retta, i punti e le rette elementi della geometria piana, i punti, le rette ed i piani gli elementi della geometria solida o dello spazio.*

Noi consideriamo punti rette e piani in certe relazioni reciproche e indichiamo queste relazioni con parole come "giacere", "fra", "congruente"; la descrizione esatta e completa, ai fini matematici, di queste relazioni segue dagli assiomi della geometria".

Ma, nonostante il suo rigoroso elenco di ventuno assiomi, Hilbert non aveva risolto il problema dei *fondamenti* della geometria. Infatti, abbandonata l'idea dell'aderenza alla realtà degli enti fondamentali e dei postulati, si presentava il problema di accertare che il sistema di assiomi fosse coerente e non contenesse contraddizioni: fatto questo che avrebbe fatto crollare tutta la teoria stessa. Il programma hilbertiano, che si proponeva di dimostrare la coerenza di una teoria, fu dimostrato impossibile, nel 1931, da K. Gödel (K. Gödel; Brno 1906 – Princeton 1978).

"*L'impostazione formalistica ha aperto comunque mondi matematici nuovi: gli assiomi non sono più verità assolute, che non possono mai essere supposte false, e ogni sistema di assiomi riunifica formalmente un'infinità di mondi matematici analoghi".* (L. L. Radice – *Il metodo matematico*).

Oltre che di geometria, Hilbert si occupò anche di teoria dei numeri, della teoria degli invarianti e della geometria algebrica, nonché dell'applicazione delle equazioni integrali ai problemi fisici.

Al Congresso Internazionale dei matematici nel 1900, già riconosciuto come uno dei grandi matematici dell'epoca, elencò 23 problemi che secondo lui avrebbero costituito una sfida per gli studiosi del XX secolo. Le soluzioni di molti di questi problemi hanno portato a interessanti progressi, mentre altri sono ancora irrisolti.

viii. La geometria iperbolica

I creatori della geometria non–euclidea non esitarono ad interpretare il risultato ottenuto secondo i principi dell'empirismo. Il quinto postulato euclideo, che non è affatto necessario poiché può ammettersi logicamente la sua negazione, deve esprimere una verità di fatto da riconoscersi attraverso l'esperienza (misura degli angoli di un triangolo uguale a 2R). La deduzione matematica induce anzi a domandarsi se codesta verità sia approssimativa e debba venir corretta in un ordine di misure più largo, quale viene offerto dall'astronomia. Ma le misure tentate non condussero a una correzione che si lasciasse affermare al di sopra degli errori inevitabili delle osservazioni.

La tesi dei geometri non–euclidei viene in più largo contrasto con le dottrine filosofiche di Kant nella seconda metà del XIX secolo per opera di H. Helmholtz (Hermann von Helmholtz; Postdam 1821 – Berlino 1894) e Bertrand Riemann (cit.). La discussione prosegue con altri pensatori matematici avverso le tesi dei filosofi neo – kantiani. La tesi che l'intuizione della spazio euclideo sia un presupposto necessario dell'esperienza fisica (necessità asserita da un punto di vista che supera la stretta logica), cade di fronte alla riflessione che l'esperienza da interpretare è inevitabilmente approssimata, e che in caso in cui la curvatura sia molto piccola non si distingue dal caso in cui sia zero, che ci riporta alla geometria euclidea. Questa tesi dei geometri non–euclidei è esemplarmente espressa nei *Nuovi principi della geometria* di N. I. Lobaçevskij (Nikolaj Ivanovic

Lobaçevskij; 1792 – 1856). E fu, senza dubbio, l'opera del matematico russo a segnare l'inizio di una costruttiva critica alla teoria kantiana dello spazio.

Nikolaj Ivanovic Lobaçevskij

Tra la posizione di Lobaçevskij e quella di Kant vi è l'opposizione diametrale che sempre separa la concezione materialistica da quella idealistica. Per l'idealista si tratta *"di principi formali dedotti dal pensiero e non dal mondo esterno, i quali devono essere applicati alla natura e al regno dell'uomo, e ai quali, quindi devono conformarsi la natura e l'uomo"*. Per il materialista il rapporto s'inverte: *"I principi non sono il punto di partenza dell'indagine, ma invece il risultato finale; non vengono applicati alla natura e alla storia dell'uomo, ma invece vengono astratti da esse; non già la natura e il regno dell'uomo si conformano ai principi, ma i principi, in quanto giusti, in quanto si accordano con la natura e con la storia"* (F. Engels: *Anti–Dühring*; trad. G. De Caria, Roma 1950).

"Certo Lobaçevskij non ha lavori specialistici di filosofia. Ciononostante in tutta la sua attività egli risolse nello spirito del

materialismo il problema fondamentale della filosofia, quello del rapporto fra il pensiero e l'essere" (G.F. Rybkin: *Il materialismo, tratto fondamentale della concezione del mondo di Lobaçevskij*; 1950).

La posizione materialistica di Lobaçevskij nei confronti del problema fondamentale della conoscenza, quella dei rapporti tra l'essere e il pensiero, appare quindi indubbia. Resta il problema dell'esatta comprensione del carattere del materialismo del grande geometra russo.

"La dottrina kantiana considera lo spazio come una intuizione subiettiva, necessario presupposto di ogni esperienza; quella di Lobaçevskij, riattaccandosi piuttosto al sensualismo e alla corrente empirista, fa rientrare la geometria nel campo delle scienze sperimentali" (R. Bonola: *La geometria non–euclidea*, Bologna 1906).

"Certamente vi sono nell'opera di Lobaçevskij elementi di materialismo metafisico, di empirismo unilaterale" (S. A. Ianovskaja: *Le idee d'avanguardia di Lobaçevskij: armi di lotta contro l'idealismo nella matematica*; Mosca 1950).

Ciò si nota soprattutto a proposito della misura e più in generale del carattere esclusivamente metrico che ha la geometria nella concezione di Lobaçevskij. In particolare la geometria avrebbe come suo scopo quello di dare regole generali per la misura: *"Tutta la matematica è scienza della misura; tutto ciò che esiste in natura è assoggettato alla condizione necessaria di essere misurabile: perciò la differenza fra grandezze deve ricondursi a un diverso genere di misure e ai numeri che rappresentano le loro misure; tutti gli altri concetti saranno sempre oscuri e insufficienti"* (Pubbl. su: *Lavori dell'Istituto di Storia della Scienza*; Mosca 1948).

"Conviene osservare che la concezione della matematica solo come scienza della misura era caratterizzata da una certa unilateralità già ai

113

tempi nei quali Lobaçevskij scriveva quelle righe. Le idee della geometria di posizione avevano ricevuto luce già da qualche anno (1822) da Poncelet, evidentemente allora non conosciuto da Lobaçevskij" (V.M. Nagaeva: *Le vedute pedagogiche di Lobaçevskij*, Leningrado 1950).

L'empirismo metrico unilaterale è tuttavia in Lobaçevskij soltanto un'ombra della vecchia metafisica del materialismo meccanico settecentesco, non il tratto essenziale, non l'elemento nuovo che lo conduce alla rivoluzione non–euclidea. L'elemento nuovo, moderno, dialettico del materialismo di Lobaçevskij è da ricercarsi nella consapevolezza da parte del fondatore della geometria non–euclidea dell'esistenza di vari gradi o *livelli* del mondo naturale, del fatto che a differenti livelli corrispondono, o possono corrispondere differenti leggi. Questa consapevolezza moderna è basata sulle prime grandi scoperte e congetture che rompono il quadro del materialismo meccanico del settecento, che indicano la insufficienza della meccanica classica, derivata dalla esperienza relativa ai solidi ordinari, al di là dei limiti ordinari. Il pensiero fondamentale di Lobaçevskij è racchiuso in una frase della *Introduzione ai Nuovi Principi della Geometria*: *"Lo spazio, in sé separatamente, per noi non esiste. Dopo di che nella nostra mente non vi può essere nessuna contraddizione, se supponiamo che talune forze della natura seguono una geometria, altre una loro (altra) geometria particolare"*.

La istituzione di una nuova geometria non significa in alcun modo per Lobaçevskij la creazione di un nuovo quadro mentale, né la dimostrazione della possibilità di un nuovo sistema ipotetico – deduttivo logicamente ineccepibile, e meno che mai una libera creazione della mente umana. Egli insiste sul fatto che una nuova geometria implica una nuova fisica, una nuova meccanica; viceversa l'eventuale scoperta che nuove leggi, diverse da quelle della meccanica classica, regolano le forze interagenti a livelli diversi da quello ordinario, comporta la necessità di una nuova geometria connaturata al nuovo livello.

In questa posizione di Lobaçevskij è la critica decisiva all'idealismo kantiano, e in generale ad ogni apriorismo nei fondamenti della matematica. Nella non arbitrarietà della nuova geometria, nel suo legame dialettico con l'esperienza e le scoperte della fisica, con le leggi della meccanica.

Dal materialista Lobaçevskij quindi, che volle dare nuovi fondamenti alla geometria *"ottenuti dalla natura"*, *"conseguenze necessarie dell'essenza delle cose"*, il pregiudizio tradizionale a favore del carattere assoluto della geometria ordinaria riceve il colpo decisivo: da lui ha origine la geometria moderna.

***

L'opera di G. G. Saccheri (v. Cap. iv) fu abbastanza divulgata subito dopo la sua morte; quasi certamente la conosceva J. H. Lambert (cit.) il quale nel 1766 sviluppò una dimostrazione assai simile a quella di Saccheri. Più tardi, invece, fu dimenticata, restò ignota a Bòlyai e Lobaçevskij e solo Beltrami (v. Cap. iv) la valorizzò di nuovo nel 1889. Tuttavia, seppure indirettamente, il filone del pensiero che ha origine in Saccheri, pervenne a Lobaçevskij. Senza dubbio il punto di partenza della scoperta di Lobaçevskij furono le errate dimostrazioni, pur così sottili, che da secoli si susseguivano, e le ultime delle quali, quelle di A. M. Legendre (Adrien Marie Legendre; Parigi 1752 – 1833), fu lo stesso Lobaçevskij a distruggere. Il primo dubbio sulla dipendenza del V postulato dai precedenti nacque in Lobaçevskij dalla constatazione del fatto che appariva impossibile una dimostrazione di esso. Tuttavia, e qui sta la grande novità, egli non si limitò ad accettare arditamente come possibile l'ipotesi dell'angolo acuto in base a pure considerazioni di logica, ma la giustificò anche sotto l'aspetto filosofico. *"Le superfici, le linee, i punti, egli dice, così come li definisce la geometria, sussistono soltanto nella nostra immaginazione; mentre noi operiamo la misura delle superfici e delle linee servendoci a questo scopo di corpi. Ecco perché è il caso di parlare di superfici, linee e punti solo nel senso in cui esse debbano venir intese nelle misure effettive; verremmo in questo modo ad attenerci proprio a quei concetti che sono immediatamente congiunti nella nostra mente con la rappresentazione dei corpi, ai quali la nostra immaginazione è avvezza, che possiamo controllare direttamente nella natura, senza prima ricorrere ad altri concetti artificiali ed estranei"*.

Per Lobaçevskij, punto, retta, piano non sono concetti primitivi. Egli, nella sua geometria, assume come concetti primitivi quelli di corpo, di contatto fra corpi, di movimento rigido. Nella sua geometria non ci sono ipotesi arbitrarie o assiomi non ben fondati.

"I concetti sui quali si basano i principi della geometria sono insufficienti per dedurre da essi la dimostrazione del teorema: la somma dei tre angoli del triangolo rettilineo è uguale a due retti. Della giustezza di questo teorema nessuno dubitò fino ad oggi, perché non si incontra nessuna contraddizione nelle conclusioni che da esso si traggono, e

perché la misura degli angoli nei triangoli rettilinei concorda, nei limiti degli errori delle misure più esatte, con questo teorema. L'insufficienza dei concetti primitivi per la dimostrazione dell'esposto teorema indusse i geometri ad ammettere, in modo diretto o indiretto, proposizioni ausiliarie, le quali, per quanto appaiono semplici, sono ciò nondimeno arbitrarie e non possono pertanto essere ammesse".

Il fatto che le *misure effettive* concordano bene con il teorema di Pitagora, o con il teorema euclideo, sulla somma degli angoli interni di un triangolo, non è per lui una prova della loro verità assoluta, ma solo della loro verità relativa, della buona concordanza cioè della geometria ordinaria con l'esperienza ordinaria, entro i limiti delle osservazioni ordinarie, non al di là di esse.

Lo scarto tra la somma degli angoli interni di un triangolo e due retti può essere estremamente piccolo, impercettibile, per i triangoli che si sono finora presentati alle nostre misure, ma può ben esistere, e diventare sensibile con l'aumento dei lati del triangolo. A conclusione dei calcoli astronomici da lui eseguiti sul triangolo Terra – Sole – Stella Sirio, Lobaçevskij riafferma la validità pratica del V postulato di Euclide su scala terrestre e astronomica ordinaria. In verità anche Gauss tentò un esperimento simile per provare che la somma degli angoli interni di un triangolo poteva essere minore di due retti, a cui conduce l'ipotesi da cui partì Bòlyai e cioè che forse esistevano realmente infinite parallele per un punto a una retta. Egli misurò con il teodolite un grande triangolo, ma lo scarto da due retti della somma degli angoli restò nei limiti degli errori sperimentali, di modo che non si poterono trarre conclusioni dall'esperimento. Lobaçevskij però, e qui sta la sua innovazione filosofica,

rifiuta di estendere al di là dei limiti e delle approssimazioni sperimentali, di estrapolare dal finito all'infinito, il V
postulato e le proposizioni ad esso equivalenti, di assumer-
le come principi, come verità rigorose non necessitanti di
dimostrazione.

La proposizione, equivalente al V postulato, che più affaticò Lobaçevskij è il cosiddetto *principio di omogeneità* usato da A. M. Legendre (cit.), e cioè l'affermazione che la
lunghezza di un segmento non può essere determinata da
quella di un angolo e che di conseguenza non può esistere
una unità di misura delle lunghezze definita per via puramente geometrica. Ciò che, secondo Legendre, ripugna alla
nostra ragione, è il fatto che due grandezze così *eterogenee*
come un numero (la misura di un angolo) e un segmento
siano funzioni una dell'altra.

*"Se il quinto postulato non è valido, un triangolo è pienamente de-
finito dai suoi angoli... Ma la grandezza dell'angolo, indipendentemente da qualsiasi postulato delle parallele, può essere definita in
modo puramente geometrico. Così nella geometria di Euclide l'angolo retto viene definito come uno tra due angoli adiacenti uguali.
Corrispondentemente a ciò, ad ogni angolo si può riferire un numero
che lo misura, scegliendo per unità di misura un angolo geometricamente definito. Nella geometria di Euclide ciò non si può fare per i
segmenti... Se invece il postulato di Euclide non vale, allora è possibile
definire geometricamente anche un segmento. Si potrebbe per esempio
utilizzare come "segmento unità di misura" il lato di un triangolo
equilatero dall'angolo del quale sarebbe definito".* (S. A. Ianovskaja,
op. cit.).

Nel piano non–euclideo di Lobaçevskij, *l'angolo di parallelismo* π *(a)*, che una parallela per A alla retta r forma con la

perpendicolare AB alla r, (fig. 1), è funzione del segmento a (distanza del punto A dalla retta r) ed è inferiore di 90° quando a tende a zero. (Ossia $\pi(a)$ è un angolo acuto, funzione uniformemente decrescente del segmento a).

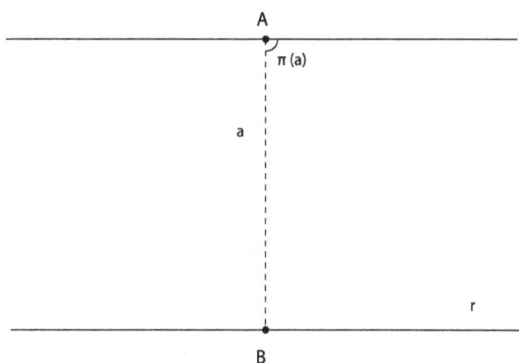

fig.1

Si può allora definire, per esempio, come unità di misura la lunghezza del segmento al quale corrisponde un *angolo di parallelismo* di 45°. In questo modo l'unità di misura si può stabilire per via puramente geometrica, cosa impossibile nella geometria euclidea, nella quale occorre ricorrere a un campione fisso (come il metro ordinario).

Questo è possibile in quanto vengono ritenute valide da Lobaçevskij, per *linee di grande dimensione*, le relazioni che valgono *localmente* nella geometria iperbolica, e cioè quelle che sono verificate dalle parti elementari, infinitesime. Così, per esempio, *localmente in piccolo* anche nel piano iperbolico due parallele molto vicine sono equidistanti. Mentre per Lobaçevskij non è lecito, né da un punto di vista logico, né da un punto di vista sperimentale, asserire che *il luogo dei punti equidistanti da una retta è ancora una retta* (proposizione equivalente al V postulato). Infatti è perfettamente logico che tale luogo sia una linea differente dalla retta, che si scosta però in modo insensibile dall'andamento rettilineo fintantoché se ne consideri un tratto relativamente breve.

Lobaçevskij rifiutando come ipotesi arbitraria, insieme a tutte le altre equivalenti al quinto postulato, anche la proposizione prima riportata, afferma in particolare che nella geometria generale il luogo dei punti equidistanti da una retta non è una retta, bensì una curva che egli chiama curva equidistante.

Che, nell'ipotesi della non validità del V postulato, un dato *angolo di parallelismo* possa definire un segmento è uno dei fatti più singolari, più "strani" della geometria non–euclidea. A questo proposito però già Gauss giustamente affermava: "*...ciò che in questo sistema ripugna alla nostra ragione è il fatto che, se esso fosse vero, nello spazio esisterebbe un segmento (di per sé) definito (anche se non noto a noi). Mi sembra però che noi, se prescindiamo dalla sapienza verbale dei metafisici, vuota di qualunque significato, sappiamo molto poco o addirittura nulla dell'essenza dello spazio: non possiamo confondere ciò che a noi sembra innaturale con l'assolutamente impossibile*". Il fatto che ripugna, non tanto alla nostra ragione quanto alle nostre abitudini mentali, è l'ammettere una curvatura dello spazio. Una volta accettata la possibilità di uno spazio curvo, non vi è ragione di non ammettere la possibilità di definire per via geometrica l'unità di misura dei segmenti (sulla sfera a curvatura costante positiva, possiamo definire un'unità di misura degli archi di cerchio massimo per via geometrica; e qualcosa di simile accade sul piano di Lobaçevskij, superficie a curvatura costante negativa, della quale vedremo nella *pseudosfera* di Beltrami un modello concreto).

Vediamo di chiarire brevemente il concetto della *costante universale* che interviene nella geometria di Lobaçevskij. In essa un *oriciclo* è la traiettoria ortogonale di un fascio di rette parallele (la tangente in ogni punto P di un oriciclo è perpendicolare alla retta del dato fascio di parallele passante per P, (fig. 2)).

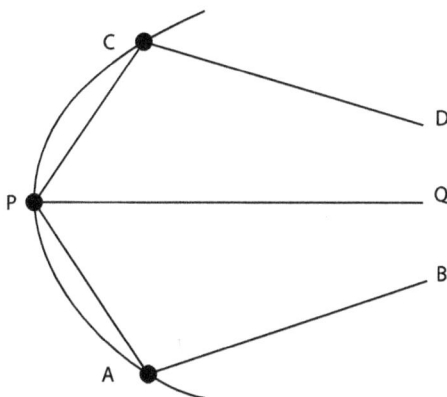

fig.2

Nel caso della geometria ordinaria, tale traiettoria è una retta; nel caso della geometria iperbolica è invece una curva di nuovo tipo (l'oriciclo, o cerchio limite, in quanto si può concepire come limite di un cerchio il cui centro si allontana all'infinito nella direzione comune alle parallele del fascio).

Dati due oricicli relativi al medesimo fascio di parallele *"il rapporto di due archi s e s' di essi, compresi tra due parallele del fascio, dipende dalla loro distanza x (x = EE' = FF') in modo tale che s = s'q^x",* (fig. 3).

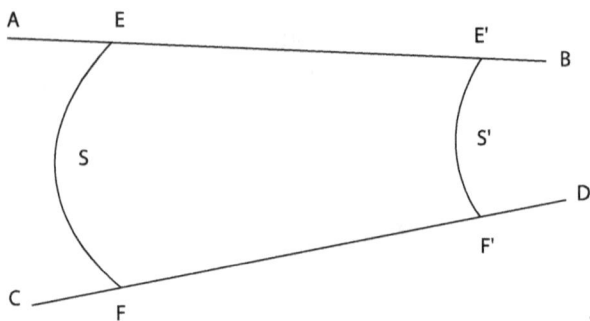

fig.3

Nella geometria euclidea si ha q =1, s = s', e rette parallele sono anche equidistanti. Nella geometria di Lobaçevskij si ha invece q > 1 (*"quando s' si discosta da s nel senso del parallelismo"*). Se si introduce la costante k come l'inverso del logaritmo naturale di q (k = 1/lnq), si avrà la geometria euclidea per k infinitamente grande. Nel piano iperbolico compare perciò una costante k che si può definire per via puramente geometria (dato che per via puramente geometrica si può definire l'unità di misura), essa si chiama *costante del piano iperbolico*, mentre la quantità (negativa e costante) $-1/k^2$ si chiama la *curvatura del piano iperbolico* (il piano euclideo, corrispondente a k = ∞, è perciò a curvatura nulla).

Il merito storico di aver dato il primo modello concreto della geometria iperbolica di Lobaçevskij spetta la matematico italiano Eugenio Beltrami (Cremona 1835 – Roma

1900), nel suo *Saggio di interpretazione della geometria non–eucli-dea*. In esso Beltrami dimostra che è possibile dare substra-to reale all'ipotesi dell'angolo acuto, prendendo in esame gli spazi a curvatura costante negativa. Cerchiamo di illustrare il modello di Beltrami in modo non tecnico e non rigoro-so, limitando la trattazione, per semplicità, alla *planimetria*, al problema cioè della interpretazione concreta del piano iperbolico.

***

"Tra le operazioni fondamentali che noi usiamo nella costruzione della geometria del piano vi è la sovrapposizione di una figura ad un'altra, cioè il trasporto di una figura sul piano. Il piano ammette il trasporto di una figura su di esso senza deformazione, e inoltre un punto preso a piacere di una figura può essere portato a coincidere con un punto preso a piacere di una figura qualsiasi del piano; una volta fissato un punto di una figura, la si può ruotare nel piano attorno ad esso.

I medesimi movimenti sono possibili sulla superficie sferica. Per questo motivo è del pari possibile costruire una geometria sulla sfera servendosi del movimento e della sovrapposizione delle figure. In tale costruzione le rette si mutano nelle linee geodetiche della superficie sfe-rica, cioè in quelle linee che su di essa, similmente alle rette sul piano, passando per due punti rappresentano la minima distanza tra di essi; è ben noto che hanno questo ruolo sulla superficie sferica le circonferen-ze di cerchi massimi" (V. F. Kagan: Lobaçevskij; Mosca 1948).

Non esistono altre superfici, oltre alla sfera e al piano, nello spazio euclideo a tre dimensioni, nelle quali le figure si possono muovere liberamente senza alcuna deformazione. Se ammettiamo però che una figura descritta su una superficie (per esempio un triangolo geodetico) possa essere *incurvata*, possa essere assoggettata a flessione, senza alterazione però delle lunghezze, degli angoli, delle aree, quasi fosse materializzata da un velo flessibile ma inestendibile; se, insomma, consideriamo due figure uguali quando possono essere sovrapposte da un movimento della superficie in sé che non alteri distanze, angoli, aree, ma si limiti a *incurvare*, a flettere la figura, allora la classe delle superfici che ammettono movimenti in sé, *scorrimenti su di sé* che godano le stesse proprietà dei movimenti che hanno in sé il piano e la sfera, diventa più ampia. Dovrà essere possibile, per quanto detto, portare con uno di questi movimenti in sé della superficie un punto della superficie in un qualsiasi altro punto di essa. G. F. Gauss ha dimostrato che ciò è possibile a condizione però che sia costante, in ogni punto della superficie la cosiddetta *curvatura totale* (gaussiana) della superficie.

La curvatura di una linea piana in un suo punto P (regolare, dotato di tangente determinata, in un intervallo in cui la curva è continua) è un numero che esprime il maggiore o minore discostamento della curva dalla tangente nelle vicinanze del punto P. Più esattamente: si consideri il cerchio passante per P, avente ivi per tangente la stessa tangente alla curva c, e passante per un punto Q della curva prossimo a P. (fig. 4).

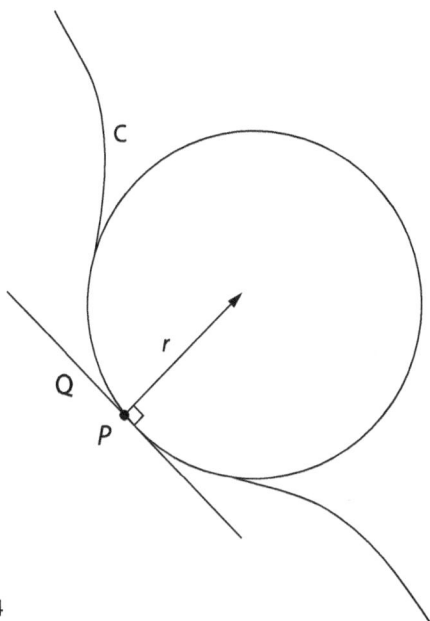

fig.4

Si muova il punto Q sulla curva fino a che vada a coincidere con P. La posizione limite del cerchio ora definito, quando Q coincide con P, dà il cerchio osculatore della curva in P. Allora, la curvatura in P non è altro che l'inverso del raggio del cerchio osculatore (raggio di curvatura r: curvatura $1/r$). Quanto più la curva si discosta dalla tangente (si discosta cioè dall'andamento rettilineo) tanto più piccolo è il raggio del cerchio osculatore, tanto più grande, di conseguenza, è la curvatura; quanto più essa invece si avvicina all'andamento rettilineo, tanto più cresce il raggio di curvatura e diminuisce la curvatura, fino a giungere, per la retta stessa, a un raggio di curvatura infinito e a una curvatura nulla.

Più difficile è il problema di definire quantitativamente, con un numero, la misura e il modo in cui una superficie curva si discosta da un suo andamento piano. Si può procedere così (Gauss).

Si considerino tutte le curve sulla superficie, sezioni di essa con un piano passante per la perpendicolare alla superficie in un punto P (sezioni normali per P). Si dimostra che il raggio di curvatura delle sezioni normali per P ammette un minimo ed un massimo, diciamo r_1 e r_2, in corrispondenza di due piani tra di loro ortogonali: allora si chiamerà curvatura totale in P della superficie il numero $1/r_1 \cdot r_2$. Si vede allora che esistono tre tipi fondamentali di punto, a seconda che la curvatura totale sia nulla, positiva o negativa. Il nome scientifico che ad essi spetta è rispettivamente quello di punto parabolico, ellittico, iperbolico. Però, per meglio comprendere, potremo chiamarli punto cilindrico, *colle* e *sella*.

Consideriamo un ordinario cilindro circolare retto: si vede subito che in ogni suo punto la curvatura totale è nulla. Infatti le due sezioni normali per un punto alle quali compete la curvatura massima e minima sono ovviamente la generatrice per il punto e la sezione circolare perpendicolare all'asse (e al piano per la generatrice normale del cilindro). Di queste due linee una, la generatrice, ha curvatura nulla (raggio di curvatura infinito); perciò l'espressione $1/r_1 \cdot r_2$ va a zero, andando uno dei raggi di curvatura all'infinito.

Consideriamo ora la sommità di un colle tondeggiante, o un punto di una sfera, di un ellissoide rotondo, ecc. tutte le sezioni normali hanno la concavità rivolta dalla stessa parte rispetto alla normale alla superficie (comunque orientata); tutti i loro raggi di curvatura hanno perciò lo stesso segno, e quindi la curvatura totale della superficie nel punto è positiva.

Se invece consideriamo il punto centrale di una sella, o se vogliamo, di un passo alpino, osserviamo subito che delle due sezioni normali tra di loro ortogonali che danno la curvatura massima e minima, l'una ha concavità rivolta verso l'alto, l'altra verso il basso; i raggi di curvatura r1 e r2 hanno segno opposto, la curvatura totale nel punto è negativa.

Ora, è abbastanza intuitivo, che immaginando una superficie come un velo flessibile e inestendibile, e flettendola senza strappi e duplicazioni (in modo che ne sia conservata la metrica), un punto a sella si trasformerà ancora in un punto a sella, un punto di colle in un punto analogo, e così un punto cilindrico. Potremo distendere (o più semplicemente applicare) una superficie cilindrica su una striscia di piano, non però su una calotta sferica. Il fatto è che il cilindro e il piano hanno in ogni loro punto curvatura totale nulla, mentre la sfera ha in ogni suo punto curvatura (costante) positiva. Più precisamente Gauss ha dimostrato che la curvatura totale di una superficie in un suo punto non varia quando si assoggetti la superficie a una deformazione che la fletta senza però alterare le lunghezze degli archi, gli angoli, e le aree. È chiaro allora che se una superficie può scorrere su se stessa con flessione ma senza estensione delle figure su di essa tracciate, in modo che ogni suo punto possa essere portato da uno di questi movimenti in qualsiasi altro suo punto, la curvatura totale dovrà essere sempre la stessa in ogni punto della superficie.

Beltrami ha dimostrato che, oltre il piano (superficie a curvatura costante nulla) e la sfera (superficie a curvatura costante positiva), esistono anche delle superfici a curvatura costante negativa (superfici pseudosferiche) che ammettono movimenti in sé con flessione ma senza estensione in tutto simili a quelli del piano e della sfera, sulle quali pertanto, come sul piano e sulla sfera, si può parlare di congruenza delle figure come sovrapponibilità. (v. App. viii/1). Beltrami, inoltre, ha dimostrato che, se noi chiamiamo piano una pseudosfera, punto un punto di essa, retta una geodetica su di essa, *movimento* i movimenti in sé della pseudosfera con flessione ma senza estensione, si ottiene esattamente la planimetria di Lobaçevskij (in particolare la somma degli angoli interni di un triangolo geodetico è minore di 2R).

In realtà la pseudosfera non è un'immagine di *tutto* il piano di Lobaçevskij, ma solo di un pezzo. Per avere un'immagine concreta dell'intero piano di Lobaçevskij bisognerà aspettare ancora qualche anno (il modello di Felix Klein). (v. cap. ix).

Il passo decisivo era però stato fatto da Beltrami. La non–contraddittorietà dei postulati della *geometria immaginaria* di Lobaçevskij era ricondotta alla non–contraddittorietà dei postulati della geometria ordinaria. In altri termini: se accettiamo la geometria euclidea dobbiamo del pari accettare quella non–euclidea, in quanto quest'ultima può essere realizzata su di una superficie dello spazio euclideo quale la pseudosfera.

È perciò vero che *"nei concetti stessi (della geometria, precedenti il V postulato) non si racchiude ancora quella verità che si voleva dimostrare"*, cioè che il V postulato è logicamente indipendente dai precedenti. La sua validità fisica non può essere dedotta *a priori*: *"essa può essere controllata, in modo simile alle altre leggi fisiche, soltanto da esperienze, quali ad esempio, le osservazioni astronomiche"*. Le parole con le quali si aprono i Nuovi Principi di Lobaçevskij sono al tempo stesso la sintesi di una grande scoperta e di una decisiva rivoluzione scientifica.

Appendici al capitolo viii

Appendice viii/1

La pseudosfera di Beltrami è la superficie (fig. 1b) che si ottiene facendo ruotare la curva (detta *trattrice*), luogo dei punti i cui segmenti di tangenza sono uguali AA' = BB' = CC' = ... = k, attorno all'asse x (asintoto della *trattrice*). (fig. 1a).

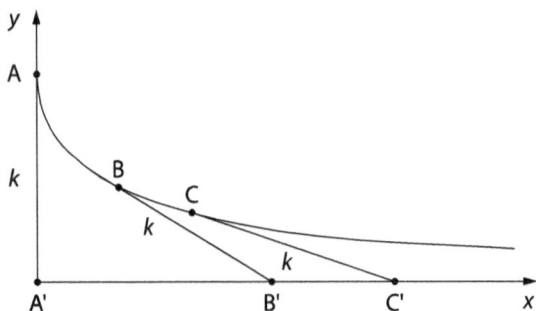

fig.1a

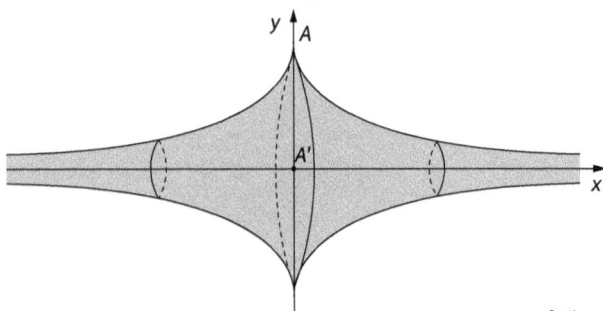

fig.1b

È davvero estremamente illuminante il fatto che la singolare costruzione di Bòlyai e Lobaçevskij, manifestamente non contraddittoria, eppure non realizzabile nell'intuizione ordinaria, fosse estranea ai contemporanei che solo pochi di essi se ne occuparono. La situazione cambiò soltanto quando si riuscì a conseguire una rappresentazione intuitiva della geometria non–euclidea mediante certi modelli, e ciò avvenne nella seconda metà del secolo XIX.

Abbiamo visto come la pseudosfera di Beltrami (cap. viii) soddisfava, pur se in modo incompleto, alla planimetria del piano iperbolico. La questione venne meglio chiarita da un modello che risale al matematico tedesco F. Klein (Felix Klein; Düsseldorf 1849 – Göttingen 1925).

Felix Klein

Ricordiamo le difficoltà incontrate nel definire i concetti geometrici fondamentali (Cap. ii). Abbiamo riconosciuto

che le definizioni di Euclide erano inadeguate e insufficienti. Poiché quindi non c'è il vincolo a una definizione
valida, prendiamoci la libertà di intendere con *punto, retta,
piano* qualcosa di diverso da ciò che altrimenti è usuale. Per
distinguere i nuovi oggetti della nostra rappresentazione li
chiameremo *pseudopunti* e *pseudorette* (fig. 1b), giacenti su un
pseudopiano (fig. 1a, 1c).

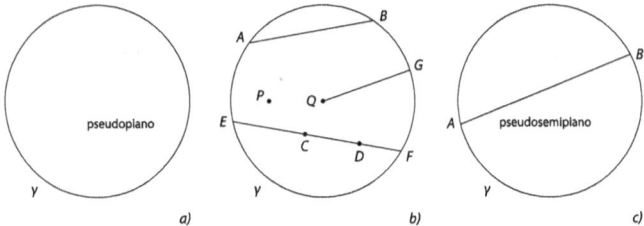

Sia tale *pseudopiano* l'interno di un circolo prefissato (fig. 2).

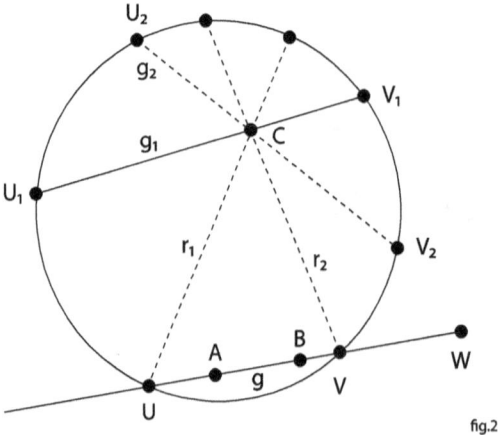

fig.2

Gli *pseudopunti* sono i punti (euclidei) giacenti all'interno del circolo (preso senza la circonferenza che lo contorna) e denominiamo *pseudorette* le corde di tale circolo. Con riferimento alla fig. 2, A e B sono allora pseudopunti della *pseudoretta g*, ma i punti della circonferenza U e V (e così pure i punti W che giacciono fuori dal circolo) non sono *pseudopunti*: essi non giacciono nel modello di universo non–euclideo da noi costruito. In questo *universo* diremo che un punto A giace sua retta a se e solo se lo *pseudopunto* A appartiene alla *pseudoretta a*.

Si vede subito che in questo modello non è valido il postulato delle parallele. Le due *pseudorette g1* e *g2* entrambi passanti per lo *pseudopunto* C non hanno in comune con *g* alcun *pseudopunto*, infatti malgrado che le rette euclidee U1V1 e U2V2 si intersechino con la retta euclidea UV, il punto d'incontro giace al di fuori dell'*universo modello* e non è quindi uno *pseudopunto*. Nel nostro universo le *pseudorette g1* e *g2* sono parallele alla *pseudoretta g*. Anche le *pseudorette r1* e *r2* passanti per i punti limite U e V sono parallele a *g*: esse non hanno in comune con *g* alcun pseudopunto. Le rette *r1* e *r2* sono le due parallele di frontiera a *g* per C. Tutte le *pseudorette* condotte per C esterne ad esse risultano parallele alla *pseudoretta g*. Pertanto, nel nostro *universo*, per uno *pseudopunto* C si possono condurre infinite *pseudorette* parallele ad un'altra *pseudoretta* non passante per C. Il V postulato delle parallele non vale quindi nel nostro modello geometrico. Sono al contrario ben verificati; e questo è un fatto degno di nota, tutti gli altri assiomi e postulati euclidei.

L'intera *geometria assoluta* vale pertanto nel modello di F. Klein.

È necessario però spiegare in qual senso sono verificati in esso gli enunciati relativi alla congruenza, cioè:

1) In un movimento rigido la distanza tra due punti non cambia.

2) Ogni figura è uguale a se stessa (proprietà riflessiva).

3) Se una figura è uguale ad un'altra, quest'ultima è uguale alla prima (proprietà simmetrica).

4) Due figure uguali ad una terza sono uguali tra di loro (proprietà transitiva).

5) Tutte le rette, i piani, gli angoli piatti, sono tra loro uguali.

Seguiamo il ragionamento.

Se si prolunga lo *pseudosegmento* B (oltre B) nel modo usuale, si perviene a W. Ma questo non è uno *pseudopunto*. Quindi, nell'universo di Klein, non ci si può limitare semplicemente a trasformare l'ordinario concetto di congruenza. Possiamo però salvare la validità di tutti gli assiomi della congruenza se introduciamo nel nostro modello, sempre con riferimento alla fig. 2, un'opportuna *pseudolunghezza* dello *pseudosegmento* AB come il valore assoluto del logaritmo del birapporto dei quattro punti euclidei A, B, U, V.

$$(1) \qquad L(A,B) = \left| \log \frac{\dfrac{UA}{VA}}{\dfrac{UB}{VB}} \right| = \left| \log \frac{UA \cdot VB}{VA \cdot UB} \right|$$

In questo modo la *pseudolunghezza* è definita da una espressione attuata con l'ausilio di quattro punti euclidei. Il senso di questa strana formula diventa chiaro se si riflette sulla proprietà che nel nostro modello deve avere una *misura ragionevole delle lunghezze*. Se A coincide con B, la *pseudolunghezza* del *pseudosegmento* AB deve diventare uguale a zero. Se invece A si avvicina al *punto limite* U, oppure B al *punto limite* V, allora L(A, B) deve crescere oltre ogni limite. La nostra definizione opera esattamente secondo questa logica. Infatti: se gli pseudopunti A e B coincidono la frazione acquista valore 1 e log1 = 0, se A si avvicina al punto di frontiera U, o B al punto di frontiera V, la frazione diventa sempre più piccola e il logaritmo tende quindi a −∞, il valore assoluto del logaritmo tende a +∞.

Si può ugualmente introdurre la corrispondente misura degli angoli, e dimostrare che, con una appropriata definizione di *pseudocongruenza* per gli angoli, nel modello di F. Klein sono effettivamente validi tutti gli assiomi e i postulati della geometria euclidea, fatta eccezione del V postulato delle parallele.

Questo è un risultato assai importante, in quanto costituisce la prova definitiva che effettivamente il postulato delle parallele di Euclide non è dimostrabile. Euclide aveva ragione, e generazioni di matematici hanno battuto strade sbagliate con i loro tentativi di dimostrazione. Se infatti esistesse una dimostrazione per il V postulato a partire dagli assiomi e postulati della geometria assoluta, le conclusioni di una siffatta dimostrazione dovrebbero valere nel modello di F. Klein, il che, come verificato, è falso, in quanto in questo modello c'è più di una parallela per un *pseudopunto* ad una *pseudoretta*. Anzi, esse sono infinite.

Con ciò un problema millenario è stato risolto in modo veramente singolare.

Resta certamente l'obiezione che queste *pseudorette* non sono tuttavia delle *vere e proprie rette*. Le rette del nostro mondo *reale*, e anche quelle della nostra *intuizione pura* nel senso di Kant, hanno una ben altra immagine. Ma prima di vedere questo aspetto del problema vogliamo fissare l'attenzione su una interessante possibilità offerta dal modello di F. Klein. Esso, infatti, ci permette di rendere riconoscibili in maniera intuitiva errori di ragionamento nei tentativi di dimostrazione del V postulato o delle parallele. Come per esempio il problema della *linea di distanza*: *il luogo dei punti equidistanti da una retta è ancora una retta*. Abbiamo già avuto modo di vedere come Lobaçevskij ripudia tale concetto e definisce tale luogo *curva equidistante*. È facile verificare chiaramente ciò che Lobaçevskij asseriva in questo nuovo modello.

Si scelga per semplicità un diametro (fig. 3) come *pseudoretta g*; *h1* e *h2* siano le perpendicolari (per i diametri i segmenti euclidei di perpendicolare sono anche segmenti di perpendicolare nel senso della geometria non–euclidea) alla g nel centro M del circolo e in uno *pseudopunto* arbitrario N. Sia inoltre A uno *pseudopunto* arbitrario su *h1* ed $l = L(A,M)$ la *pseudolunghezza* di AM. Si vede immediatamente dal modello che nessuna *pseudoretta* per A può essere il luogo geometrico di punti che hanno da g la medesima distanza.

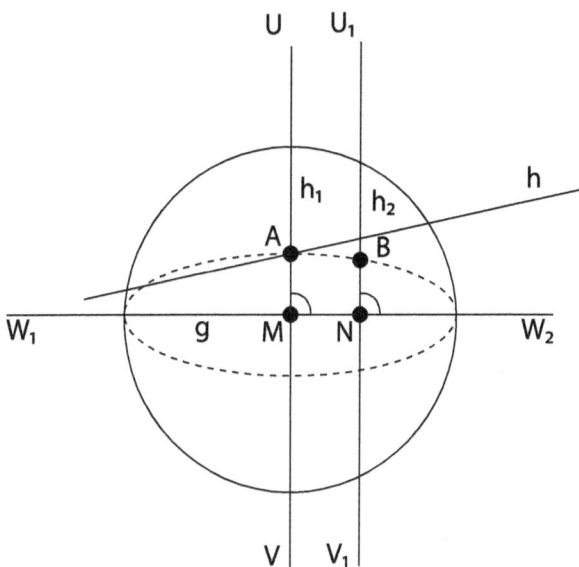

fig.3

Ogni *pseudoretta* siffatta (per esempio la *h* della fig. 3) possiede in un'opportuna prossimità del contorno del circolo, *pseudopunti* la distanza dei quali da g diventa grande a piacere nel senso della misura non–euclidea definita dalla (1). Si può far vedere che tale luogo (linea di distanza) nel modello di F. Klein è un'ellisse (euclidea). Nel caso in fig. 3, A è il vertice dell'asse minore di tale ellisse, l'asse maggiore è W1W2, e l'intersezione dell'ellisse con *h2* dà lo *pseudopunto* B (nel semipiano di A determinato da g), per il quale si ha $L(B,N) = 1$.

***

Tutte queste rivoluzionarie idee, che venivano pian piano approfondite con lo studio della geometria non–euclidea, si sono fatte strada faticosamente nel XIX secolo perché il pensiero dei matematici e dei filosofi era orientato in senso kantiano. Per questo la creazione della geometria non–euclidea appare uno degli esempi più significativi per dimostrare che la pretesa *"autonomia della ricerca scientifica"* dalle concezioni filosofiche generali è un mito, e che, al contrario, il progresso della scienza è strettamente collegato a una giusta impostazione filosofica.

Per Kant lo spazio era una *"rappresentazione "a priori" necessaria"*; la geometria era per lui *"una scienza che determina le proprietà dello spazio sinteticamente, e quindi "a priori""*. La geometria di questi giudizi sintetici a priori si riferisce al solo e unico spazio della nostra *"intuizione pura"*, e per questo la geometria euclidea è l'unica pensabile per i seguaci di Kant. La possibilità per loro di un'altra geometria non era neppure immaginabile.

La matematica moderna, però, conosce non soltanto la geometria di Bòlyai e Lobaçevskij, ma svariate altre geometrie che differiscono dalla euclidea, quella di B. Riemann, per esempio, (v. App. ix/1); o la geometria differenziale (v. App. ix/2).

Già J. H. Poincarè (Jules Henri Poincarè; Nancy 1854 – Parigi 1912), ha visto la possibilità di introdurre una geometria diversa da quella euclidea per la descrizione dei processi fisici. Poincarè ritiene che la scelta di una geometria è una questione di convenzione. In *Science et Mèthode* (1910) egli scrive a questo proposito: *"Gli assiomi geometrici non sono né giudizi sintetici "a priori" né fatti sperimentali. Sono posizioni che riposano sopra un accordo".*

Tra tutte le posizioni possibili, la nostra scelta viene guidata da fatti sperimentali. Ma essa rimane libera, ed è limitata solo dalla necessità di evitare ogni contraddizione. In questo modo i postulati potrebbero anche rimanere rigorosamente validi, pur se le leggi sperimentali, che hanno influenzato e operato la loro scelta, dovessero essere approssimativamente valide... L'esperienza ci guida in questa scelta, ma non ci costringe. Essa non ci fa conoscere quale geometria è la più vera, bensì soltanto qual è la più comoda.

Relativamente alla geometria, vogliamo introdurre un paragone. Le proposizioni fondamentali della geometria, come ad esempio il quinto postulato euclideo, non sono altro che accordi, ed è privo di senso indagare se esse siano vere o false quanto lo sarebbe il chiedersi se il sistema metrico è vero o falso. Come si vede, quella del Poincarè, è quell'interpretazione del significato filosofico della rivoluzione non–euclidea diametralmente opposta a quella esposta dai neo–kantiani, e che può essere riassunta, in modo particolarmente netto e assoluto dalla seguente affermazione di E. T. Bell (Eric Temple Bell; Peterhead 1883 – Watsonwille 1960): *"L'apprezzamento oggi diffuso della matematica come creazione libera dei matematici può essere direttamente ricondotto fino alle ardite creazioni di Bòlyai e Lobaçevkij. Esattamente nel modo in cui il romanziere inventa i caratteri, i dialoghi e le situazioni, dei quali egli insieme è l'autore e il padrone, il matematico inventa a suo arbitrio i postulati, sui quali egli basa il suo sistema matematico".* ("*The development of Mathematics*", 1940). Che tale non sia l'idea dei creatori della geometria non–euclidea è stato dimostrato, ci pare, a sufficienza fin qui.

Il *convenzionalismo* di Poincarè, che si avvicina nella sua sostanza alla teoria kantiana dello spazio, e che cerca di salvare, in nuovo modo, la priorità della geometria euclidea, ha trovato molti sostenitori. Vi sono però, anche in epoca più recente, alcuni studiosi che vogliono tenere ferma la posizione *speciale* della geometria euclidea, e respingono perciò anche il *formalismo* di D. Hilbert (David Hilbert; Köningsberg 1862 – Köttingen 1943) (cit.).

Esaminiamo due critiche di questo tipo.

H. Dingler (Hugo Albert Emil Hermann Dingler; Munich 1881 – 1954) vuole garantire la *validità reale* della geometria euclidea stabilendo i concetti fondamentali della geometria in maniera *meccanica*. Egli è convinto del fatto che Euclide abbia tratto la sua definizione di piano dal taglio delle pietre. "*Ancora oggi*, così informa Dingler, *le lastre vengono costruite strisciando l'una contro l'altra vicendevolmente tre lastre rozzamente spianate*". Egli vuole perciò esprimere a parole l'idea del piano nel seguente modo: "*Far strisciare l'una contro l'altra vicendevolmente tre lastre grandi a piacere di materiale duro fino a che esse aderiscono completamente o che i due lati delle superfici che così hanno origine siano in ogni posto globalmente congruenti ed indistinguibili*".

Le rette si ottengono allora naturalmente come sezioni di due piani così costruiti.

Per "*definire univocamente l'intera geometria manca ancora un elemento, che nella geometria teoretica viene rappresentato dall'assioma delle parallele. A questo scopo*, continua Dingler, *si stabilisca per definizione che in una striscia piana parallela sul piano (i due lati della quale sono allora indistinguibili) tutte le distanze debbano avere la stessa lunghezza... Con ciò la geometria è fatta. In effetti partendo da queste tre definizioni si possono ricavare i noti assiomi della geometria... Questa è nel tempo stesso l'unica maniera in cui la geometria può in realtà venire alla luce, in coesione con le relative idee".*

Non è facile seguire l'argomentazione di Dingler. Effettivamente in questo modo la geometria euclidea si può fondare *tecnicamente*, e si può, ciò facendo, sostituire l'assioma delle parallele (V postulato) con un'asserzione sulla *linea di distanza*. Ma non si capisce perché questa dovrebbe essere la geometria della realtà. Abbiamo già chiarito, sul modello di Klein, che una *linea di distanza* non deve affatto essere necessariamente una retta. Naturalmente si può postulare questa proprietà mediante un assioma. Ma qui si tratta della *validità reale* della geometria. E allora le cose stanno così: se si realizza la *linea di distanza* in qualche maniera tecnica, allora non abbiamo ancora liquidato la questione di sapere se tale linea sarà anche una retta (nel senso della definizione tecnica). Per indagare su questo fatto gli scalpellini di Dingler dovrebbero costruire lastre di dimensioni astronomiche, poiché il fatto che nel nostro *piccolo* mondo la geometria euclidea ha *validità reale*, nessuno lo ha mai messo in discussione.

Anche G. Hamel (Georg Karl Whilhelm Hamel; Düren 1877 – Landshut 1954) vuol tenere ferma la posizione speciale della geometria euclidea. Egli ammette che le altre geometrie possono essere pensabili e non contraddittorie in sé, anzi che il fisico può aver benissimo motivo di descrivere i processi che si svolgono in natura per mezzo di una geometria non–euclidea. Ma la geometria euclidea resta tuttavia la geometria della *intuizione pura*. Spiegare l'essenza di tale intuizione non sarebbe *del tutto riuscito* a Kant. Per Hamel, infatti, essa non è intuizione sensibile e non abitudine: è un'idea. Egli dice: "*Se qualcuno mi chiede: dove ha allora sede la geometria, se non negli occhi stessi? Io rispondo: nella nostra testa, e solo nella nostra testa*". Per tale motivo egli rigetta il *formalismo* di Hilbert come *dissoluzione della geometria*, con la quale "*nessun vero geometra*" può dichiararsi d'accordo. Concesso che una definizione soddisfacente del punto non è possibile, tuttavia esso rimane per Hamel "*il più chiaro elemento fondamentale della intuizione pura*". Ora le cose sono certamente più difficile per Hamel che non per Kant, quando egli afferma la *certezza apodittica* e la *unicità eccezionale* della geometria euclidea. Egli è ben costretto ad ammettere che Kant si è sbagliato, se e in quanto "*voleva imporre con la forza la geometria euclidea alla natura*". Ciononostante egli non vuole riconoscere alla geometria non–euclidea lo stesso "*grado di validità*" della geometria euclidea della *intuizione pura*.

Questo appello alla *intuizione pura* e la protesta contro l'uguaglianza di posizione di tutte le geometrie appare forse evidente perché conferma abitudini di pensiero già esistenti.

H. Reichenbach (Hans Reichenbach; Amburgo 1891 – Los Angeles 1953), e altri studiosi del '900, vedono nella intuizione pura, citata in continuazione dai filosofi neo–kantiani, nient'altro che una di tali abitudini mentali e di pensiero.

Rendiamo chiaro ciò fissando l'attenzione su una definizione, data da H. Helmholtz (Hermann von Helmholtz, Postdam 1821 – Berlino 1894): "*Rappresentarsi intuitivamente relazioni geometriche significa immaginare le esperienze che avremmo vivendo in un ambiente in cui sussistono tali relazioni".*

Il fatto che la nostra intuizione è euclidea risiede, secondo Reichenbach, nel fatto che le nostre esperienze nel *"nostro piccolo mondo"* sono euclidee. La fisica moderna descrive però già adesso i processi del cosmo nel linguaggio della geometria di Riemann, mentre la geometria euclidea resta in piedi per il caso limite di dimensioni inferiori. Dice Reichenbach: *"Se vivessimo in un mondo la cui struttura geometrica fosse notevolmente diversa dalla geometria euclidea, ci adatteremmo al nuovo ambiente e impareremmo a veder triangoli e leggi non–euclidee come ora vediamo strutture euclidee... Il filosofo aveva commesso l'errore di considerare visione della mente o legge di ragione quello che in realtà è soltanto prodotto di abitudine. Sono occorsi più di duemila anni per scoprire ciò, senza l'opera e le tecniche del matematico non saremmo mai stati in grado di spezzare abiti inveterati e liberare le nostre menti da pseudo principi razionali".*

In diverse opere ma soprattutto nella: *"La nascita della filosofia scientifica"*, Reichenbach ha cercato di dare una stringente definitività alle sue deduzioni relative al problema dello spazio. Egli non solo respinge la dottrina della intuizione pura orientata in senso kantiano, ma ha anche critiche da muovere al *convenzionalismo* sostenuto da Poincarè.

Vogliamo rendere chiari gli argomenti di Reichenbach, ancora una volta, sull'esempio della misura degli angoli di un triangolo, e quindi, ancora una volta, sul quinto postulato di Euclide.

Supponiamo che nella misura di un tale triangolo (grande) noi otteniamo una somma di angoli che si discosti da due retti (caso A). Allora vi sono in effetti due possibilità di descrivere questo stato di cose: 1) Noi manteniamo fermo il punto che i raggi luminosi sono rettilinei, e tiriamo dal risultato della misura la conclusione che la geometria dell'Universo è non–euclidea; 2) Noi manteniamo in vigore la geometria euclidea. La somma degli angoli di un triangolo formato da vere rette deve dunque essere uguale a 2R. Il risultato della misura va spiegato così: esistono delle forze *universali* che hanno per effetto la deviazione dei raggi luminosi dalla linea retta.

Tutte e due le spiegazioni sono possibili, e Poincarè ha ragione se dice che il decidersi per l'una o per l'altra possibilità è una convenzione.

Supponiamo ora però (caso B) che la misura dia come risultato (nei limiti degli errori sperimentali) 2R per la somma degli angoli del triangolo (grande). Anche dopo di ciò esistono due possibilità:

1) Noi dichiariamo che i raggi luminosi sono rettilinei e restiamo fermi alla buona e vecchia geometria euclidea; 2) Noi scegliamo una geometria non–euclidea per la descrizione del mondo fisico e supponiamo che esistano forze *universali* che deviano i raggi luminosi dalle rette (non–euclidee) in modo tale che per la somma degli angoli si ottiene tuttavia precisamente 2R.

Le due possibilità sono di nuovo equivalenti ed è una questione di convenzione decidersi per la scelta dell'una o dell'altra.

In tutti e due i casi (A e B) noi abbiamo la possibilità di descrivere il mondo fisico in due modi equivalenti in linea di principio. Ma che si presenti il caso A o il caso B, è una questione che viene decisa dall'esperimento, non è una questione di convenzione.

Reichenbach ha avuto il merito di aver attirato l'attenzione su questo stato di cose.

Partendo dalle riflessioni qui tratteggiate, Reichenbach perviene a un rifiuto della concezione dello spazio di Kant. Già, a cavallo del secolo XX, B. Russell ha pubblicato una critica annientatrice delle idee di Kant.

Per Reichenbach lo spazio è reale proprio perché la decisone, certamente importante, in merito al fatto che si verifichi il caso A oppure il caso B del nostro esperimento ideale può essere presa soltanto attraverso l'esperienza. Egli dice a proposito dello spazio: *"Lo spazio non è una forma d'ordine con cui l'osservatore umano costruisce il suo mondo; è un sistema di relazioni strutturali sussistenti fra corpi trasportati e i raggi luminosi, sistema rappresentante una proprietà generalissima del cosmo e la base di tutte le misurazioni empiriche... Lo spazio non è soggettivo, ma reale... Ciò mostra che non si debbono confondere geometria–matematica e geometria–fisica. Matematicamente parlando, esistono molti sistemi geometrici tutti immuni da contraddizioni logiche, e questa è l'unica caratteristica che interessi al matematico"*.

Secondo la concezione di Reichenbach dello spazio non ha alcun senso quindi attribuire alla geometria euclidea una *eccellenza unica*. Si potrebbe tutt'al più ritenere eccellente quella geometria che consente una descrizione del mondo esterno senza l'ipotesi delle *forze universali*. Si è portati infatti ad accettare i raggi luminosi come rette per ottenere una rappresentazione semplice dei processi naturali. Allora l'esperimento dovrebbe decidere qual è la geometria che fa al caso. Stando a tutto ciò che fino ad oggi sappiamo non è probabile che sia a favore della geometria euclidea.

Nella *Teoria della relatività generale* A. Einstein (Albert Einstein; Ulm 1879 – Princeton 1955) ha preferito far uso della geometria ellittica di Riemann.

Quando egli ha osservato che i raggi luminosi sono deviati in presenza di masse, si è trovato di fronte a una scelta ben precisa. Usare la geometria euclidea complicando enormemente i calcoli e le dimostrazioni delle leggi fisiche della *relatività generale*, oppure usare la geometria ellittica (non–euclidea) di Riemann che gli consentiva un'enorme semplificazione. Albert Einstein ha scelto questa seconda strada.

***

Come abbiamo avuto modo di chiarire, la storia della geometria moderna, da Lobaçevskij ad Einstein, non sembra giustificare in alcun modo l'affermazione che il matematico *"inventa a suo arbitrio i postulati, sui quali basa il suo sistema"*. L'attenzione dedicata dai matematici alle geometrie strane (non–euclidea, non–archimedea, non–arguesiana, ecc.) (v. App. ix/3) ha un significato ben diverso: non è il libero dispiegarsi delle ipotesi arbitrarie, ma invece la delicata analisi dei rapporti di dipendenza o indipendenza logica dei diversi postulati e proposizioni che la nostra mente elabora a partire dall'esperienza. *"Il libro di matematica basato su postulati assolutamente arbitrari, inventati a capriccio con l'unica condizione della compatibilità, deve essere, crediamo, ancora scritto: se è stato scritto o se sarà scritto è probabile che non troverà lettori, neppure tra i teorici della matematica come "puro gioco mentale"*" (Lucio Lombardo Radice) (Catania 1916 – Bruxelles 1982).

Né a questa necessaria analisi logica delle relazioni tra postulati, per quanto importante, può essere data preminenza nello sviluppo della visione moderna della geometria. Da Gauss a Poncelet a Lobaçevskij a Riemann, allo stesso Poincarè, i grandi geometri che hanno fondato nuove discipline geometriche, non sono partiti da convenzioni o da postulati liberamente inventati, ma hanno invece geometrizzato nuovi aspetti della realtà fisica. Hanno ampliato e modificato tanto il concetto di spazio quanto quello di geometria. La ricchezza e la varietà dei nuovi spazi e delle nuove geometrie è collegata innanzitutto all'esigenza di studiare nuovi fenomeni, nuove trasformazioni e operazioni che incontriamo nelle nostre attività di esseri umani.

Dall'essere al pensiero, e non dal pensiero all'essere: questo appare il vero cammino della geometria, così come di ogni altra scienza.

Appendici al capitolo ix

Appendice ix/1

Bernhard Riemann

La geometria ellittica

La geometria ellittica fu ideata da Bernhard Riemann nel 1854. In essa egli negò, oltre al quinto postulato, l'assioma dell'infinità della retta. Il modello della sfera offre la possibilità di creare un piano sul quale realizzarla. In questo modello denominiamo *piano* la superficie sferica, *punto* un qualsiasi punto euclideo su di essa (oppure una coppia di punti della superficie sferica diametralmente opposti), *retta* una circonferenza massima della sfera. Con riferimento alla fig. 1 le tre circonferenze *a, b, c*, sono delle circonferenze massime disegnate sulla superficie sferica *σ*. Il triangolo curvilineo ABC è un triangolo sferico; i punti A, B, C, ne sono i vertici; gli archi AB, BC, CA, ne sono i lati. Gli angoli del triangolo sono quelli formati dalle semirette tangenti, nei vertici, alle linee (archi) che ne costituiscono i lati. Con le scelte fatte, nel *piano* della geometria ellittica, per due punti (che non siano diametralmente opposti) passa una e una sola *retta* (circonferenza massima), e la minima distanza tra loro è l'*arco di retta* che li congiunge (geodetica).

È evidente che per gli enti fondamentali del modello della sfera non vale l'assioma dell'infinità della retta né il quinto postulato delle parallele. Infatti le circonferenze massime hanno lunghezza finita, e per un punto P fuori da una *retta* r non passa alcuna parallela ad essa, in quanto tutte le *rette* (circonferenze massime) condotte da P incontrano in due punti diametralmente opposti la *retta* r. In esso è quindi valido l'assioma di Riemann: *due rette qualsiasi di un piano hanno sempre un punto in comune.*

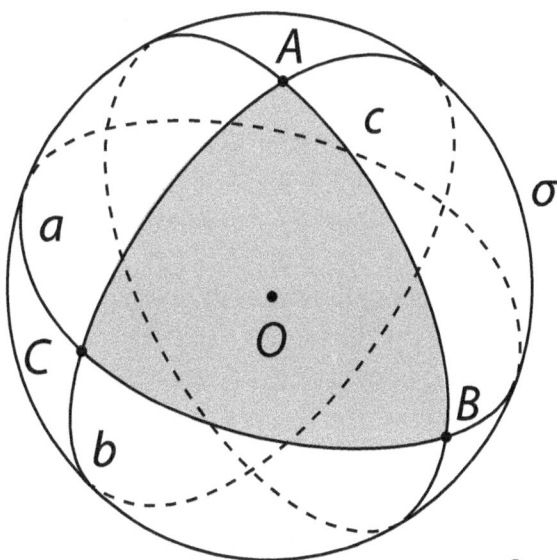

fig.1

In questo modello viene a cadere l'assioma euclideo: "*Dati tre punti di una retta ve ne è uno ed uno solo che sta fra gli altri due*". Infatti, come è evidente, dati tre punti A, B, C, sulla stessa *retta*, nessuno dei tre punti può dirsi compreso tra gli altri due, nel senso che due di essi possono essere raggiunti senza passare per il terzo.

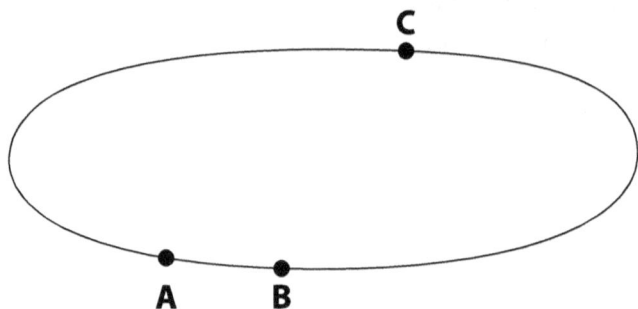

Sulla superficie sferica, così come nel piano euclideo, le figure possono essere traslate e ruotate continuando a giacere, durante il movimento, sulla superficie stessa (v. Cap. vii).

La somma degli angoli interni di un triangolo sferico è sempre maggiore di 2R e minore di 6R. Facendo riferimento alla fig. 2 (caso limite): se N e S rappresentano i poli terrestri e A e B sono due punti dell'equatore, i due angoli al vertice A e B sono retti, quindi la somma dei tre angoli del triangolo NAB è maggiore di 2R, mentre, essendo l'angolo in N minore di un angolo giro (4R), la somma degli angoli non supera 6R. È facile intuire che tale risultato è valido per ogni triangolo scelto sul modello sferico. Perciò nella geometria ellittica si ha: 2R < A^BC < 6R qualunque sia il triangolo ABC. Quindi nella geometria ellittica si realizza l'ipotesi dell'angolo ottuso di G. G. Saccheri.

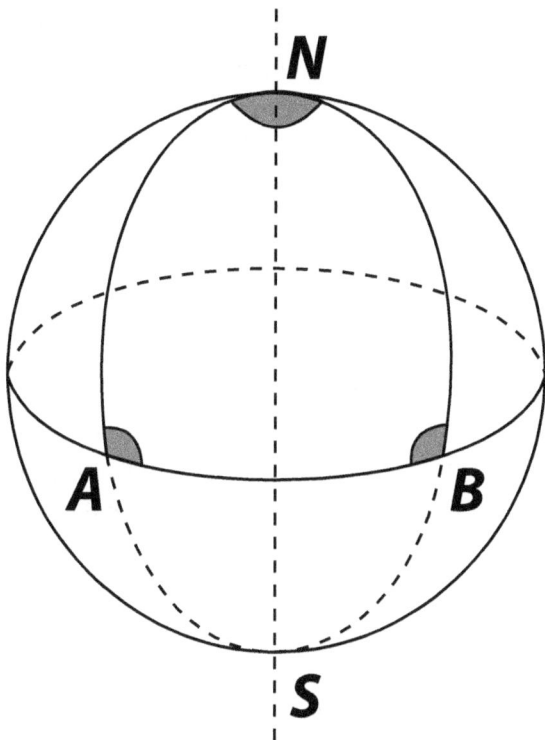

fig.2

Tutte le perpendicolari ad una *retta* (circonferenza massima) della geometria ellittica, passano per una medesima coppia di punti diametralmente opposti.

Sulla superficie sferica non esistono triangoli simili. Infatti l'uguaglianza degli angoli di due triangoli implica anche l'uguaglianza dei corrispondenti angoli opposti, e quindi la congruenza dei due triangoli stessi, anche per questo, oltre ai tre criteri di congruenza della geometria euclidea, se ne può aggiungere un quarto: due triangoli sono uguali se hanno i tre angoli uguali; cioè il terzo criterio di similitudine del piano euclideo diventa il quarto criterio di congruenza nel piano sferico della geometria ellittica.

Sulla sfera è possibile definire per via puramente geometrica l'unità di misura delle lunghezze. Basta assumere come unità di misura la lunghezza costante di una retta (circonferenza massima).

Indicata con k tale lunghezza che dipende, chiaramente, dal raggio della sfera, l'area di un qualsiasi triangolo sferico di angoli α, β, γ, si ottiene dalla formula: $A = k^2 \cdot (\alpha + \beta + \gamma - 2R)$. Come dire che l'area di un triangolo è proporzionale al suo eccesso angolare (lo scarto in più rispetto a 2R).

Appendice ix/2

La geometria differenziale

Lo scopo della geometria differenziale è quello di descrivere con i metodi propri del calcolo differenziale e integrale *situazioni geometriche* nel piano e nello spazio. Essa risale all'antichità, ma la sua sistematizzazione in una e vera e propria teoria matematica si fa risalire al 1827, anno in cui C. F. Gauss pubblicò le sue *Disquisitiones generales circa superficies curvas*. Negli ultimi decenni questa disciplina ha grandemente mutato la propria linea di sviluppo, prefiggendosi come scopo quello di studiare le proprietà differenziali di enti geometrici indipendentemente dalla loro immersione in uno spazio ambiente. Il mutato indirizzo ha portato a un grande sviluppo della disciplina, che ha trovato applicazione in nuovi campi e fornito alcuni risultati significativi, sia relativi a problemi classici riaffrontati con una nuova impostazione, sia in ambiti innovativi (come la scoperta di strutture differenziabili esotiche nello spazio a quattro dimensioni). In essa sono due le teorie più importanti: *la teoria delle curve e la teoria delle superfici.* Quest'ultima fornisce le basi teoriche della cartografia e della topografia.

Appendice ix/3

La geometria non—archimedea

Nella geometria *non—archimedea* non è valido il postulato di Archimede (287 – 212 a.C.(?)) (cit.) secondo cui: dati i segmenti AB e A'B' minore di AB, esiste sempre un multiplo di A'B' che è maggiore di AB.

Tutte le problematiche relative alla geometria non—archimedea si riconducono storicamente al lavoro di G. Veronese (Giuseppe Veronese; Venezia 1854 – Padova 1917), che ne evidenziò la peculiarità e ne descrisse un modello, tuttora noto come *retta di Veronese.*

La teorizzazione di questa geometria suscitò dure e aspre polemiche da parte dei matematici a lui contemporanei, tra i quali Giuseppe Peano (Cuneo 1858 – Torino 1932).

La geometria non–arguesiana

Nella geometria *non–arguesiana* o *non–desarguesiana* non vale il teorema di Desargues dei triangoli omologici. G. Desargues (Girard Desargues; Lione 1591 – 1661) (cit.) fu il fondatore della cosiddetta geometria proiettiva.

Il teorema di Desargues dei triangoli omologici afferma:

"Se una coppia di triangoli di uno spazio proiettivo, ABC e A'B'C', è tale che le rette congiungenti i vertici corrispondenti passano per uno stesso punto P, allora le coppie di rette AB e A'B', AC e A'C', BC e B'C' si intersecano in tre punti allineati; e viceversa".

Tale teorema è *autoduale*, cioè duale di se stesso per sostituzione del termine retta con il termine punto. Le geometrie per le quali questo teorema è valido senza eccezioni sono dette desarguesiane.

Nella geometria *non–desarguesiana* (o *non–arguesiana*), il teorema dei triangoli omologici non è valido. Si tratta di una geometria proiettiva piana, dato che nello spazio il suddetto teorema è conseguenza dei postulati. Sono particolarmente studiati i piani proiettivi finiti *non–desarguesiani*, per i quali è ancora aperto il problema della classificazione. Si sono avute diverse generalizzazioni di questa geometra, pervenendo alla costruzione di strutture tra le quali i disegni a blocchi (in inglese, *block designs*), che trovano applicazioni nella matematica applicata, per esempio in statistica.

Bibliografia

L. M. Blumenthal: *A modern way of geometry*; W.H. Fooleman & Co, 1962

R. Bonola: *La geometria non euclidea*; Nicola Zanichelli, Bologna 1906

I. Dieudonnè: *Algebra elementare e geometria elementare*; Feltrinelli, Milano 1970

F. Enriques: *Natura, ragione e storia – antologia di scritti filosofici a cura di L. L. Radice*; Boringhieri, Torino 1965

F. Enriques, G. De Santillana: *Compendio di storia del pensiero scientifico*; Zanichelli, Bologna 1937

L. Geymonat : *Storia del pensiero filosofico e scientifico*; Garzanti 1972

L. Geymonat: *Filosofia e filosofia della scienza*; Feltrimelli, Milano 1960.

G. Melzi, L. Tonolini: *Geometria*; Minerva Italica, Milano 1987

D. Hilbert: *Fondamenti della geometra con i supplementi di P. Bernays*; Feltrinelli, Milano 1970

I. Kant: *Critica della ragion pura, traduzione di G. Gentile e L. L. Radice*; Laterza, Bari 1970

I. Kant: *Critica della ragion pratica, traduzione di F. Capra*; Laterza, Bari 1971

N. I. Lobaçevskij: *I nuovi principi della geometria, con saggio introduttivo di L. L. Radice*; Boringhieri, Torino 1955

H. Meschkowski: *Mutamenti nel pensiero matematico, traduzione di L. L. Radice*; Boringhieri, Torino 1963

D. Palladino: *Le geometrie non euclidee*; Carocci, Roma 2008

H. Parker Manning: *Non Euclidean geometry*; Dover Pubblications Inc., New York 1963

B. Russell: *I principi della matematica, traduzione di L. Geymonat*; Longanesi e C., Milano 1951

I. Tòth: *La geometria non euclidea prima di Euclide*; Scientific American, ottobre 1970

F. Weismann: *Introduzione al pensiero matematico, traduzione di L. Geymonat*; Boringhieri, Torino 1967

H. Weyl: *Filosofia della matematica e delle scienze naturali*; Boringhieri, Torino 1967

— Indice —